最簡單的生產製造書 ③

圖解 機械加工

統括「事前準備→加工→量測→清理」四階段實務知識，
實現加工就是依據創意化為成果的最高產品開發法

西村仁 著
宮玉容 譯

U0001986

機械加工知識
為創作和製造搭起溝通的橋樑

Fablab Taipei創辦人　洪堯泰

　　Fablab Taipei在台灣推動自造者運動這幾年來，常常會遇到很多時候需要跨領域的溝通及理解，但很多製造及加工專業的領域，因為偏重實作導向，相關的細節都是依賴現場經驗，因此許多知識及技術經驗並不容易有良好的傳承，也缺乏系統性的統整。

　　對很多本身不是從事製造業的創作者來說，如何從產品的原型開發、到小量客製化生產、再到大量生產，往往在所有環節中，會面臨很多因為本身對製造工序理解不足，或是與現場工作者施作方式差異所產生的矛盾。

　　很高興《圖解機械加工》這本書的誕生，有系統地說明，有清楚的圖說，提供所有對製造有興趣的人有個可以輕鬆入門的管道，非常值得仔細一讀。

通曉機械加工知識，
如同武林高手掌握武林寶典

NOVA DESIDN 浩漢產品設計公司總經理　蔡文傑

　　工業革命後「機械為工業之母」，而各種基礎機械加工機（工具（母）機），儼然成為機械的基石。熟練各種機械加工方法，則如同成為身懷絕技的武林高手前，一定要經過的基本功（紮馬步）訓練！而本書所介紹的各種機械加工法，讀者們如果能習得此外顯知識，再經吸收轉化為自身的內隱知識，就可像金庸倚天屠龍記中的張無忌所擁有底蘊深厚內力九陽神功一樣，在幾個時辰乾坤大挪移迅速學會；未來在設計創作產品時，就能快速的掌握加工成型的要領。

　　本書對從未接觸理工科訓練的讀者而言，就如同武林高手打通任督二脈一般，可以輕鬆學習與掌握機械加工法。對於已經是受過理工科訓練的讀者，則同武林高手將自身內力傳授給你一樣，可增進一甲子功力，更能清楚掌握機械加工的奧祕。同時針對電腦化後，對機械加工精度與效率提升的CNC及3D列印技術，在本書也做了詳盡的介紹。

　　機械加工是一門很生硬的學問，藉由作者言簡意賅地從加工知識整體樣貌的引導，到各類加工法的介紹，讓機械加工與讀者間拉近了距離，而不再對機械加工感到陌生與害怕，是一本值得閱讀及隨時翻查的工具書。

前言

致讀者

　　只有加工者才需要知道材料切削塑形的加工知識嗎？我並不這麼認為。設計者需決定將零件用何種「加工法」加工，而對於依據圖面決定加工廠的採購部、統整製造流程的生管部、把關品質的品保部、面對客戶的業務部的每個人來說，擁有基礎加工知識是一大利器。

　　而隸屬於製造部的新進員工、就讀理工科系的學生，在進入職場大展身手前，我覺得都需要學習加工知識。

本書特徵

　　搭配簡單易懂的圖解說明，可扎實理解加工入門知識。不需相關背景知識，本書是為從未接觸相關加工知識的文科生而編寫。

1）針對初學者廣泛說明加工基礎知識
2）解說因應不同加工法所繪製的圖面意涵
3）介紹確保品質的量具

　　本書目標旨在廣泛介紹有哪些加工法？個別特徵為何？要如何選擇加工方法？因此，會著重在常見加工法的解說。

　　同時，因設計人員會考量加工法來繪製圖面，所以也會介紹有關圖面設計者的想法。我想這方面的資訊也可提供給新手製圖者參考。

　　另一方面，因工具機的轉速或進給速度這類「加工條件」是一門高深學問，因此這部分就留待專業的加工者說明。本書省略具體的設定值說明，僅簡潔地解說加工重點。

本書所介紹的加工法

本書所介紹的加工法，分為以下五個部分：

1）切削塑形的切削加工 （車床加工、銑床加工等）
2）使用模具塑形的成形加工 （板金加工、鑄造等加工）
3）材料之間的接合加工 （熔接、接著等）
4）局部熔化的特殊加工 （雷射加工、放電加工等）
5）形狀不變、但改變材料特性的加工（熱處理和表面處理）

本書結構

學習基礎加工知識的技巧，並非一口氣學習車床加工或板金加工等各種加工法，而是先掌握整體樣貌。因此第1章將先概論上述五種加工法的特徵。

接著從第2章開始會詳細說明各種加工法，特別是最基本的切削加工，將分成2至5章共四個章節來解說。

另外，第8章介紹各加工共通的「材料切割」和「去毛邊」。最後，第9章將介紹確保加工品質的量具種類及特徵。

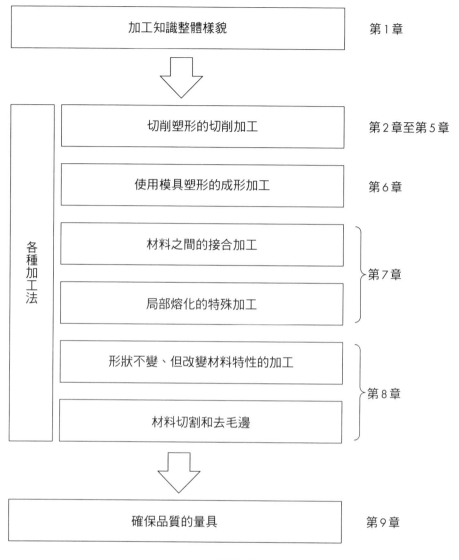

| 加工知識整體樣貌 | 第1章 |

各種加工法
- 切削塑形的切削加工 — 第2章至第5章
- 使用模具塑形的成形加工 — 第6章
- 材料之間的接合加工 / 局部熔化的特殊加工 — 第7章
- 形狀不變、但改變材料特性的加工 / 材料切割和去毛邊 — 第8章

| 確保品質的量具 | 第9章 |

<本書結構>

有效率地學習

要學習加工相關知識，理想狀態是能直接看到加工情形，但實際上恐怕有困難，因此建議讀者可利用「網路上的影片」。各工具機廠商或加工業者的網站會刊載此類資訊，閱讀此書同時可善用相關影片。

提到數值會有參考值

各加工法的尺寸精度或表面粗糙度的實際值，隨工具機精度、加工者的技巧以及工件材質大小，會有所不同，因此一律不標示。

但若不標示又無法得知加工精度的等級，將影響理解，故本書僅介紹「一個標準值」，請視為參考值。

接下來就讓我們開始認識機械加工吧。本書編寫方式是可從任何一章讀起，請從和工作相關或有興趣的那章開始，而機械加工的初學者也可從第1章開始逐一讀起。

給台灣的讀者

非常開心這本書能夠在自己很喜歡的台灣出版。製作物件是一件令人愉悅、也值得從事的工作，衷心希望這本書能夠為台灣讀者帶來幫助。

2018 年 作者 西村仁

前言

第 1 章 加工知識整體樣貌

製造的加工定位

選擇最佳加工法的考量點

五大加工

切削加工的特徵

第2章 切削成圓柱形的車床加工

第3章　切削塑形的銑床加工

銑床加工的特徵與種類

圖面解讀

第**4**章 鑽床上的孔加工

孔加工的特徵

鑽床的種類和構造

鑽床使用的工具

圖面解讀

第5章 利用砂輪修整的研磨加工

精密切削的研磨加工

高精密的研削加工和研磨

製做平面基準的鏟花加工

第6章 使用模具塑形的成形加工

使用模具沖壓的板金加工

熔化而造的鑄造

適合塑膠加工的射出成型

第 7 章 材料之間的接合加工和局部熔化的熔接加工

第8章 改變材料特性的加工和材料裁切

改變材料內部的熱處理

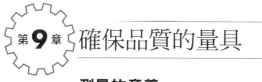

第9章 確保品質的量具

第 **1** 章

加工知識整體樣貌

製造的加工定位

製造由「構思」而來

讓我們先來確認製造在加工中的定位。製造有三大流程,「構思」要生產什麼、依構思「製作」、將產品「銷售」給客戶。

在構思階段還包含「企劃」、「構想」、「設計」,要推出新產品還是將原產品升級?用什麼決勝負就是「企劃」;企劃決定後,將規格具體化為數值就是「構想」。製造和服務不同,特徵是可將大小、重量、特性等全部數字化。而藉著構想,不只是產品規格、目標售價或製造成本,甚至到完工為止的組裝行程、負責人員等都可明確訂定,將這些結果統整後就是規格書。

接著,依據此規格書再進入「設計」,在圖面說明做成什麼形狀、用哪種材料加工、如何組裝。各零件的「加工法」要在此階段先決定,圖面也需考量加工法繪製。

依構思「製作」

將構思內容繪製在圖面上是一種資訊傳遞方式,加工者看過圖面後,以「最佳加工條件」施工。所謂最佳是指兼顧品質又快速便宜的製造方式。有關加工成本會在第24頁介紹。

加工完後會做「組裝」和「修整」,最後「檢查」是否照規格書施工,都確認後就可「銷售」。簡單來說,加工就是將腦中所想化為成果。

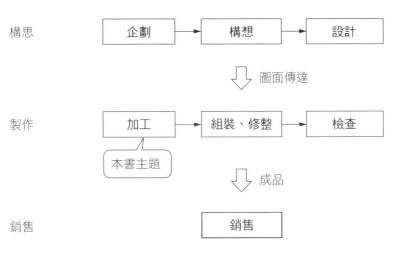

圖 1.1　製造的流程

加工由四步驟組成

　　所謂加工並非單指操作機台，首先要閱讀圖面、選定合適的工具機、研究加工程序這些「事前準備」；必要時製作加工用治具，然後才進入「加工」；一般會同時進行沖床、鑽孔、表面處理好幾個加工程序。加工完成，「量測」確認品質後，就會進行清掃或處理切屑的「清理」。

　　換句話說，加工是由事前準備→加工→量測→清理這四步驟組成。

選擇最佳加工法的考量點

加工要求的三要素

製造現場重視的QCD（品質、成本、交期），以加工考量可具體要求如下：

1）不多不少地按圖施工　　　　　（製造品質）
2）省一元賺一元地加工　　　　　（製造成本）
3）迅速地加工　　　　　　　　　（加工時間）

加工法有利有弊

若有同時滿足以上三要素的加工法，設計時就不需討論了，工廠可使用相同的工具機，加工者也可有效率地掌握技巧，只可惜這種萬能加工法並不存在。

因此各種加工法應運而生，需從中挑選出當下最合適的，挑選時可依據加工形狀、加工精度、加工時間、工具機來做選擇。

藉泛用工具機快速加工

上述三要素中，應最優先考慮「製造品質」。以滿足尺寸公差或表面粗糙度為前提，選擇「製造成本」低、「加工時間」短的加工法。「製造成本」不包含利潤，是單指製造成品所需的成本。製造成本若能省一塊錢，就是賺一塊錢。

製造成本是單一產品的成本，也就是個別成本，分成「材料費」、「工資」、「折舊費」、「雜支」四細項來看，就容易理解了。材料費為鋼鐵、鋁材、塑料等採購成本，工資有加工者和管理者的人事費，折舊費為工具機或治具的使用成本，雜支則包含水電費、瓦斯費等費用。

其中，影響加工法最多的是工資和折舊費。若能「迅速加工」就可降低工資，又能符合客戶交期，簡直就是一石二鳥。此外，使用泛用工具機[1]就不用考慮加工廠問題，可控管折舊費。

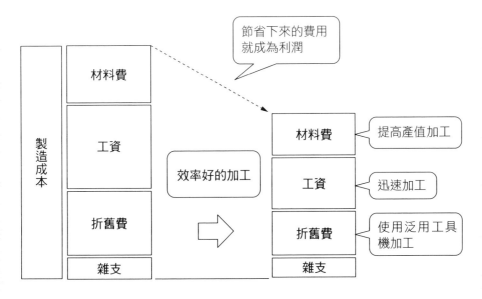

圖1.2　以最佳化加工創造利潤

註1：工具機依其應用的範圍不同又可歸類成二大群，泛用型工具機與專用型工具機。前者的加工範圍大，較不受加工件的大小、形狀、重量影響，比較適合彈性的加工。

減少加工的技巧

雖說在構想或設計階段要選擇最佳加工法，但最理想的其實是減少加工。其中一個方法是，將工件外形尺寸搭配市售原料尺寸設計。例如，要將鋼材設計成「寬50mm×厚12mm×長80mm」大小，採購「寬50mm×厚12mm」的冷軋鋼板，就只需加工兩邊長度成80mm即可。

但若設計成「寬45mm×厚11mm×長80mm」，因無此規格市售品，就不得不將前述板材的寬度切去5mm，厚度切去1mm，不僅費時又增加成本，基於上述原因，設計者應盡可能地搭配市售原料尺寸設計（圖1.3的a）。

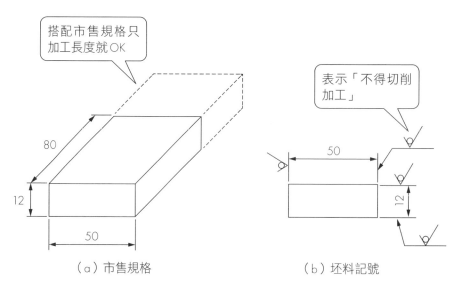

（a）市售規格　　　　　（b）坯料記號

圖1.3　市售規格和坯料記號

圖面解讀（表面粗糙度和坯料記號）

圖面上表示表面粗糙度的記號中，有一個「不需切削加工的記號」，也就是坯料記號。是設計者要強調「不需加工」，直接依市售尺寸使用（圖1.3的b）。

寬度和厚度都搭配原料尺寸是最理想的，若要擇其一，可選加工面積大的地方（一般是厚度），如此可有效抑制加工所產生的彎曲。

泛用材的市售形狀

　　鋼鐵、非鐵金屬的泛用材備有多種形狀尺寸，舉例來說，鋼鐵材料有 SS400C 或 S45C，鋁合金則有 A052 或 A6063 等。

　　以形狀來分，角材除附圖的四角形，市售品還有六角形和其他形狀。此外，鋼材形狀也有山形鋼和溝型鋼等多種形狀。

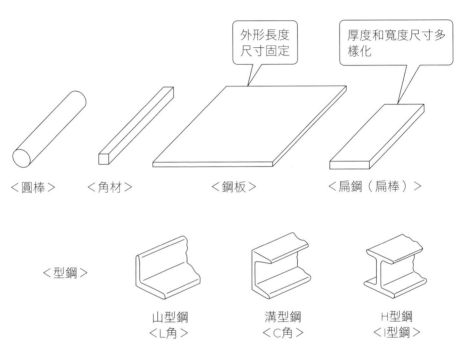

圖1.4　市售品的各種形狀

五大加工

加工分做五大類

首先，讓我們將世上現有的加工法分做五類，掌握整體內容（圖1.5）。

1）切削塑形的「切削加工」
2）使用模具形的「成形加工」
3）材料之間的「接合加工」
4）局部熔化的「特殊加工」
5）形狀不變、但改變材料特性的「熱處理‧表面處理」

一句話概括加工特徵

①「切削塑形的加工」稱為切削加工，會產生切屑，加工精度高但耗時。

②「使用模具塑形的加工」稱為成形加工，有沖床加工也有鑄造加工，精度雖不高但加工快，適合大量生產。

③「接合材料之間的加工」稱為接合加工，當直接完成一個成品有困難時，或是要省錢省時做出成品時，便可藉由熔接或接著，將各加工物接合在一起。

④「局部熔化的特殊加工」藉由雷射、放電或化學反應，使材料局部熔化再塑形；和切削加工或成形加工這類施力的「動態加工」不同，是利用外力以外能源所進行的「靜態加工」。適用於加工複雜形狀或模具這類的硬材加工。

⑤形狀不變、但改變材料特性方面，有改變材料本身特性的熱處理，和材料表面鍍有特殊膜的表面處理。

以上即為加工的五大分類。

No.	加工種類	特徵		加工名稱
①	切削加工	切削塑形 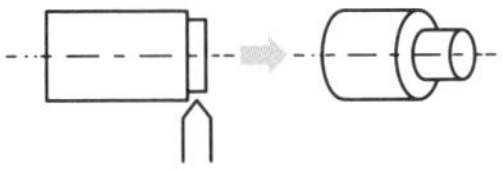	● 加工精度高 ● 需加工時間	車床加工 銑床加工 鑽孔加工 研磨加工
②	成形加工	利用模具塑形 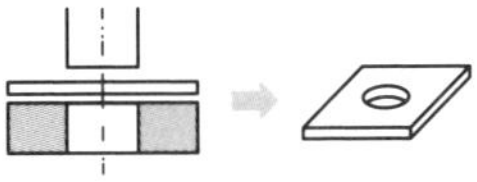	● 一次塑形 ● 適合大量生產 ● 加工精度差	板金加工 鑄造 射出成型 鍛造
③	接合加工	接合各材料 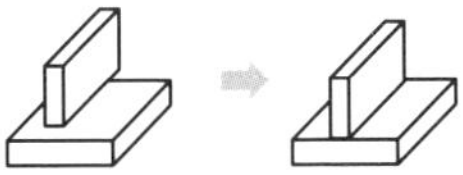	● 可降低成本	熔接 硬焊 接著
④	特殊加工	局部熔化 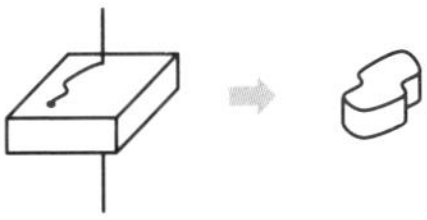	● 不施加外力 　的加工 ● 適合加工複雜 　形狀	雷射加工 放電加工 蝕刻 3D列印
⑤	熱處理 表面處理	改變材料特性 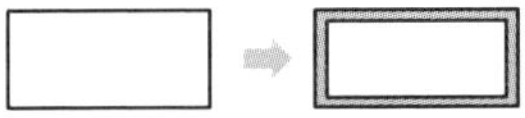	● 形狀不會變 ● 硬度改變 ● 防鏽	淬火、回火 退火 正火 各種表面處理

圖1.5　加工的五大分類

用哪些能量加工呢？

　　加工可利用「動能」、「熱能」和「化學能」這三種能量。切削加工、板金加工、鍛造等施以力量的加工屬於「動能」；鑄造、射出成型、熔接、雷射加工、放電加工、熱處理等屬於「熱能」；活用蝕刻或表面處理的加工則屬「化學能」。

切削加工的特徵

切削塑形的切削加工種類

接下來,讓我們開始依序認識五大加工的特徵吧!

首先是加工中最基本的切削加工,是將刀具抵著工件,削除不要之處的加工法。雖尺寸精度高、可加工成光滑表面,但加工耗時。除可切削鋼鐵、鋁材等金屬類,也可切削塑料、陶瓷、木材等。削除的地方會產生切屑,可回收再利用。

切削加工有以下類別(圖1.6):

1)切削成圓形的「車床加工」
2)切削成角柱形的「銑床加工」
3)開孔或做出螺紋的「鑽孔加工」
4)用砥石修整的「研磨加工」
5)修整成真正平面的「鏟花加工」
6)自動化加工的「NC加工」

切削加工的各特徵

「車床加工」就如同削鉛筆般,是藉由旋轉工件,將其加工成圓形。「銑床加工」與此相反,是藉由旋轉刀具加工成角柱形。許多零件都會有的定位孔或螺絲孔,這些孔是藉由「鑽孔加工」而成。

想將表面修整成光滑面,或者加工超硬合金或淬火後的材料,要求高精度時可用磨石研削,即為「研磨加工」,磨石上有無數個微小刀刃,利於加工。

「鏟花加工」是指，將加工和組裝用的平台或工具機的床台，使用類似銼刀的刀具，加工成完全平面的一種加工方式。可將金屬表面公差修整至1mm的千分之一mm（1μm）的水準，完全以手工作業，是難度很高的加工。至於「NC加工」即是將車床加工、銑床加工、鑽孔加工自動化。

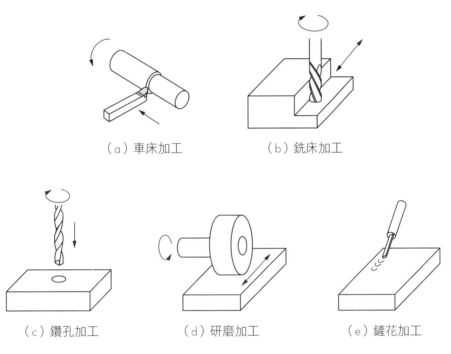

（a）車床加工　　　　　　（b）銑床加工

（c）鑽孔加工　　　（d）研磨加工　　　（e）鏟花加工

圖1.6　切削加工的種類

切削加工的原理

　　刀刃切削工件表面的狀態如圖所示，隨著刀具接觸的同時，加工表面產生變形，切屑斷裂從工件脫離。刀具有「刀頂面」和「刀腹面」，「刀頂面」讓切屑可順暢排出，刀腹面可減少刀具與工件的摩擦。

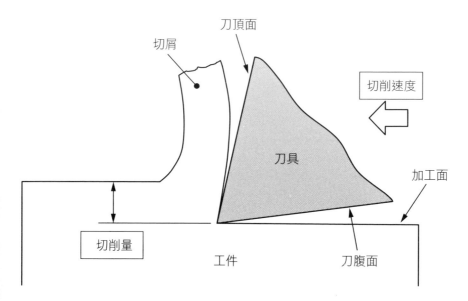

圖1.7　切削加工的原理

切削工具

　　切削加工的特徵之一是，刀具形狀會原封不動地轉印到工件上。也就是說，若工具前端是小小的圓形，工件就會有一樣尺寸的圓形。這也是為何設計者需有刀具知識。

　　刀具因其加工法而有不同名稱，以下介紹幾個主要刀具；

①車床刀具：車刀

②銑床刀具：面銑刀和端銑刀

③鑽孔刀具：鑽頭、中心鑽、鉸刀

④螺紋加工刀具：攻牙器和螺絲模

⑤研磨加工刀具：砥石

⑥鏟花刀具：鏟花刀

切削工具的要件

隨著技術革新，不只工具機的性能，刀具的功能也大為提高，因此至今較難加工的硬材料，也能完美地快速加工。

刀具的必備條件有：

1）硬
2）韌性強（不易崩壞）
3）高溫下硬度不會降低
4）不易磨損
5）便宜且取得容易

刀具的硬度需要比工件高，材料愈硬愈容易脆化，若刀尖脆化便會產生缺損，此情形稱做剝離，因此「硬度」和「韌性」兩者同樣重要。而一般材料遇熱硬度變低，刀尖在加工時要承受數百度的高溫，故有高硬度要求。

同時，因刀具屬消耗品，CP值[2]高且取得容易也很重要，但也不必費心去找兼顧上述要件的刀具，依加工性質選用適合的刀具材料即可。

註2：CP值即性能與價格的比率。

切削工具的材料和特徵

（1）碳素鋼和合金鋼

屬泛用材料，便宜但不耐熱，碳素鋼耐熱到200℃左右，合金鋼耐熱到300℃左右。過熱硬度會降低，僅適用低速加工。

（2）高速工具鋼（高速鋼）

是一種加工溫度到600℃硬度也不會下降的耐熱鋼材。因具高速高溫的加工條件下硬度也不會變低的特徵，而有高速工具鋼之稱。又因適用於高速度，所以簡稱「高速鋼」。耐磨耗性佳，廣泛用於模具材料。

（3）超硬合金

以鎢的粉末為主原料，再以結合劑摻入鈷等粉末，高溫高壓燒結而成。具硬度且高溫下不易軟化，常用於高速加工的切削刀具，其缺點是易脆化。

依添加物的種類和添加量、顆粒大小不同，有許多種類。且針對提高耐磨耗性及剝離問題，市售品會在其表面進行電鍍加工。

（4）金屬陶瓷

以碳化鈦為基底的燒結體，相較於超硬合金，耐熱性和耐磨耗性更好。性質介於超硬合金和陶瓷中間，和超硬合金一樣，也有表面電鍍的市售品。

（5）陶瓷

以氧化鋁為基底燒結而成，即使溫度達1000℃以上也不軟化，又耐磨耗，所以適用於高速高溫的加工。

（6）鑽石

屬於非常硬的材質，但容易和鐵系金屬產生化學反應，常用於非鐵金屬或非金屬的切削加工。

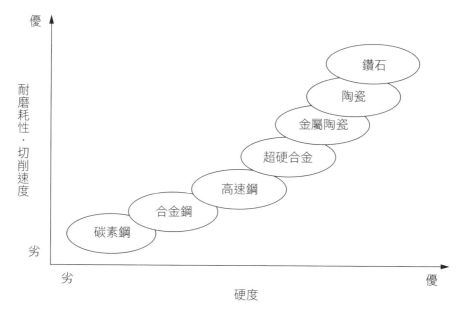

圖1.8　切削工具材料的特徵

單刃刀具和多刃刀具

　　刀具分為兩種，一種是單個刀刃的單刃刀具，另一種是有多個刀刃的多刃刀具。像菜刀就是一種單刃刀具，有多刃的鋸齒刀就是多刃刀具。前面介紹的車床用車刀就屬單刃刀具，其他多屬多刃刀具。端銑刀和鑽頭從底部看就可判斷，大多是由2至4刃構成的多刃刀具。

　　單刃刀具因只加工一個點，容易做精度加工，但加工能力低且壽命短。而多刃刀具與其相反，因多刃的變化加工精度差，但加工能力且高壽命長。

成形加工的特徵

利用模具塑形的成形加工種類

　　成形加工的優點是，利用模具一次塑形。初期的金屬模具投資費很高，但容易生產適合大量加工。要求加工精度時，成形後可再切削加工做修整。

　　此外，切削加工會有切屑的浪費，成形加工的另一特徵就是可有效利用材料。

　　成形加工可分類如下（圖1.9）：

　　1）利用模具做沖壓或彎曲的「板金加工」
　　2）模具注入熔化金屬的「鑄造」
　　3）模具注入熔化塑膠的「射出成型」
　　4）施力壓入模具的「鍛造」
　　5）捲入滾輪塑形的「輥軋」（或做滾軋、壓延）
　　6）由模具孔押出的「擠出」和「抽出」

成形加工各特徵

　　將板金（薄板）夾在模具的上下模間，將其沖壓或彎折稱做「板金加工」，因使用沖床機所以又稱「沖床加工」。

　　將熔化的金屬注入以砂做成的鑄模，或可重複使用的模具中，使其成形，即為「鑄造」。完成品稱做鑄件，如馬路上的人孔蓋或鑄鐵壺。注入模具內的材料是塑料時，即是「射出成型」，許多塑膠製品就是以此方法製作而成。

　　「鍛造」是將加熱後的金屬塊夾入模具，施以極大外力使其變形的加工，如字面解釋的「鍛鍊而造」，目的是藉金屬組織的細緻化提高強度，

　　「輥軋」是鋼鐵廠或加工廠將材料捲入滾輪，使其變薄，做成特定形狀的變形加工。

　　而「擠出」和「抽出」是指，將模具上的模穴做成成品形狀，再讓材料通過使其成形的加工。一般會先加工成同長度（2m或4m等），接著再切出想要的尺寸使用。鋁窗框即是以擠出的方式製造。

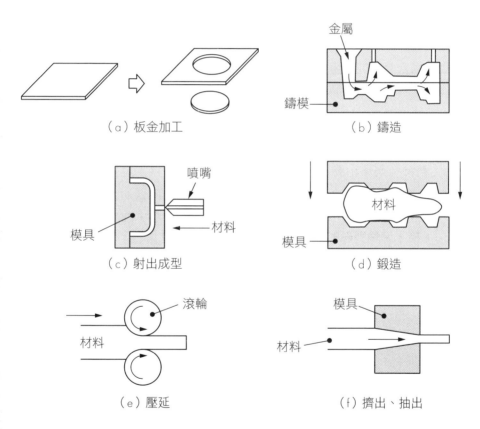

圖1.9　成形加工的種類

接合加工和局部熔化加工的特徵

材料之間的接合加工種類和特徵

　　將個別做好的材料接合的加工法。通常直接做成一體物有困難時，或希望比製作一體物更快又便宜的時候，會採用此種加工法。

　　接合加工有以下種類：

1）結合金屬的「熔接」
2）加熱熔點較低的金屬來結合的「硬焊」
3）使用接著劑的「接著」

　　「熔接」為熔化要接合的地方，使金屬互相接合，是接合可靠度最高的加工法（圖1.10的a）。「硬焊」是熔化熔點比工件低的金屬，藉其在工件空隙間流動來做接合的加工法（同b圖）。與熔接不同的是，工件本身不會熔化，焊錫就是一種硬焊。「接著」的種類很多，從文具類的膠水到工業用品都有。

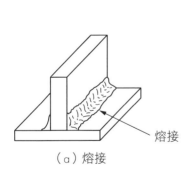

（a）熔接

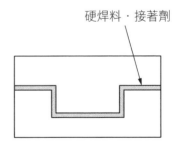

硬焊料‧接著劑

（b）硬焊‧接著

圖1.10　接合加工的種類

局部熔化加工的種類和特徵

以光或電加熱，藉化學反應將工件局部熔化的加工，最大的特徵是不使用外力。此特殊加工有以下幾種：

1）使用雷射光熔化的「雷射加工」

2）藉電力流通放電的「放電加工」

3）以化學藥品產生化學反應來溶化的「蝕刻」

4）溶化後做堆疊的「3D列印」

「雷射加工」是藉雷射光加熱熔化的加工。常用於切斷或在材料表面刻字。

「放電加工」是利用電力的放電效果來加熱熔化的加工，其特徵是可將複雜形狀或超硬合金等硬質材料做高精度的加工。依其方式可分為雕形放電加工和線切割放電加工。

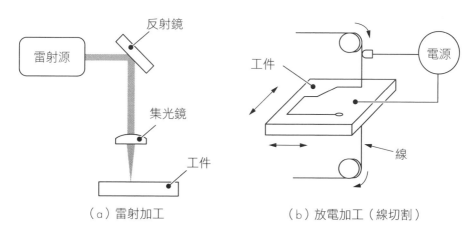

（a）雷射加工　　　　　　　　（b）放電加工（線切割）

圖1.11　雷射加工和放電加工

「蝕刻」是使用藥劑和模板，以化學方式溶化塑形的加工。

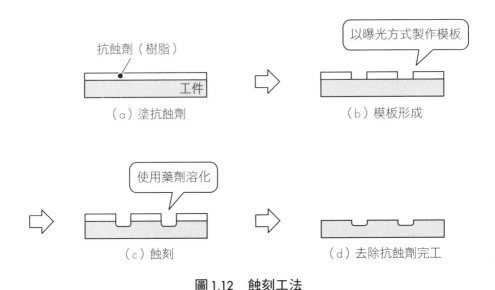

抗蝕劑（樹脂）

工件

（a）塗抗蝕劑

以曝光方式製作模板

（b）模板形成

使用藥劑溶化

（c）蝕刻

（d）去除抗蝕劑完工

圖 1.12　蝕刻工法

接著是「3D列印」加工。一般印刷是將墨水印在紙上，若將墨水塗上好幾次，逐次堆疊厚度就會變立體。3D列印即是以此原理，用塑膠或金屬粉末取代墨水，重複堆疊成立體狀，無法切削加工的形狀也能夠完成。是現在工具機中最受矚目的領域，其發展日新月異，雖然尚有加工精度、表面精度、加工速度以及成本課題需克服，但藉樣品的製作已可發揮很大的效果，連形狀複雜的射出成型用模具，使用金屬粉也可製作。

熱處理和表面處理的特徵

形狀不變、但改變材料特性的加工種類

改變材料本身特性的是熱處理，藉由在材料表面鍍膜，改變材料特性的是表面處理。也就是說，熱處理是改變材料「內部」，表面處理是改變材料「外部」的加工。

熱處理分成以下四大類：

1）強化硬度・韌度的「淬火・回火」
2）使材料變柔軟的「退火」
3）回復組織標準狀態的「正火」
4）僅讓表面變硬的「高周波淬火」和「滲碳」

熱處理的各種特徵

材料有愈硬愈脆的特性，一旦變脆，只要輕微衝擊就會裂開，因此理想狀態是兼具硬度和韌性，針對此點的處理即「淬火、回火」。相反地，要去除潛藏在材料內部的應力，使其變軟的就是「退火」。將材料組織回到標準狀態即為「正火」。

「高周波淬火」和「滲碳」是僅將表面變硬的加工，也就是說，是使表面變得喀滋喀滋硬硬的，而內部又柔軟的雙重構造。此雙重構造的特徵就是耐衝擊，使衝擊力到內部就如同碰到靠墊般可緩和下來。「高周波淬火」是將線圈捲在材料上通過電流，藉發熱將材料表面淬火的方法，像鐵軌般的長條物有一部分要熱處理時，就適用此方法。

另外「滲碳」是將碳素量少的軟鋼材表面，以特殊製程浸入碳素中淬火，是種使內部和表面的硬度產生極大差異的獨特工法。

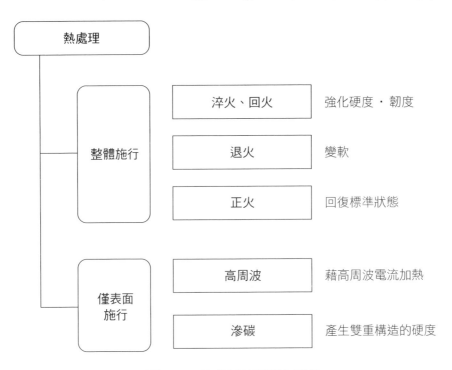

圖 1.13　熱處理的種類和特徵

表面處理的目的

　　表面處理有多種目的，最常見的是要防止鋼鐵生鏽。鋼鐵材久置會產生鏽斑，在材料表面鍍上一層膜，可阻擋水分和氧氣。除了防鏽目的外，也有附加耐磨耗、潤滑性、去黏性等功能的表面處理。

　　表面處理分為塗上樹脂系塗料的「塗裝」，以及鍍上金屬薄膜的「電鍍」。電鍍有多種製程，有在溶液中以化學方式附著的、有通過電流的、也有加熱後藉蒸發附著在工件上的方法。

加工流程與自動化

累積數種加工法一起完成

到目前為止已盡可能地介紹所有加工法。實際的加工，很少只靠一種加工法完成，幾乎要累積數種加工法才能完成。

「材料裁切」和「去毛邊」是每種加工都要做的。因市面上的材料都是以統一規格販售，預估切削量稍微預留一點空間切斷，稱做材料裁切。而無論何種加工，工件四周圍的角一定會產生毛邊，所以加工結束後就要去毛邊。關於材料切斷和去毛邊會在第8章介紹。

範例1

材料裁切 → 車床加工 → 去毛邊 → 表面處理

範例2

材料裁切 → 銑床加工 → 去毛邊 → 熱處理 → 研磨加工

範例3

材料裁切 → 板金加工 → 鑽孔加工 → 去毛邊 → 表面處理

範例4

材料裁切 → 鑄造 → 銑床加工 → 鑽孔加工 → 去毛邊

圖1.14　加工流程

自動化加工

泛用工具機的運作相當倚賴加工者的技巧，因為一人操作一台機器，生產能力有限，在這種背景下，催生了自動化工具機。自動化生產的品質差異小，可一人操作數台或是無人化作業。而即使是自動化，也有上下料和更換刀具完全自動化，或上下料和更換刀具仍是人工操作，僅有加工是自動化的等級之分。自動化的水準愈高，工具機的價格也會跟著提高，導入時需考量效益再評估所需自動化的等級。

自動化工具機有NC車床、NC銑床、附加刀具自動交換功能的中心加工機，這些在第3章會介紹。此外，結構上需精密調整的射出成型機和雷射加工、放電加工、3D列印都可自動化。

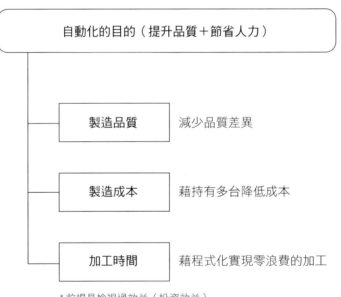

* 前提是檢視過效益（投資效益）

圖 1.15　自動化的目的

第 **2** 章

切削成圓柱形的
車床加工

車床加工的特徵與種類

加工面數少的圓柱形

　　如同第1章所提到的，要「又快又省錢地」加工，而最有效的方法，即是減少加工。讓我們先以此觀點，考量最適合的工件形狀。

　　如果以形狀來比較面數多寡，四方形（板材等）是6面，圓柱形（圓棒等）有外圍1面、加上兩端，合計3面（圖2.1的a和b）。

　　也就是說，外形要全部加工時，因圓柱形的面數僅四方形的一半，可壓倒性地快又省錢地加工，這是圓柱形的一大優勢。更甚者，若外徑配合市售品尺寸，加工面數又可減少至僅需加工兩端共2面。

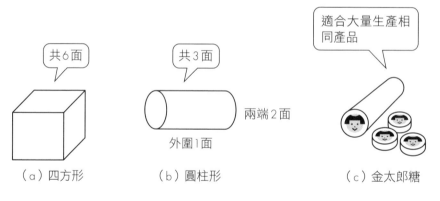

共6面　　　　共3面　　　　適合大量生產相同產品

兩端2面

外圍1面

（a）四方形　　　（b）圓柱形　　　（c）金太郎糖

圖2.1　加工面數和金太郎糖[1]

註1：金太郎糖是一種日本江戶時代流行的一種糖果。通過將各種花色的糖搓成條狀，並通過預想中的設計組合在一起呈筒狀，然後將其拉伸成條狀，再橫向切成粒。如此一來，每個糖粒的橫斷面都呈現出金太郎的頭像。製作理念和壽司相似。

適合大量生產的車床加工

　　加工圓柱形的車床，適合大量生產外形相同的東西。加工好長度，最後從右邊按照指定尺寸依序切斷，就可一口氣完成相同物件。和金太郎糖的製作原理相同（圖2.1的c）。

車床的加工事例

　　以下將車床的加工事例，分成「外圍加工」、「端面加工」、「鑽孔加工」和「螺紋加工」共四種。

（1）外圍加工

　　這是最普通的加工方式。或是先車削成圓柱形，或是切削到一半時改變直徑，加工出階梯形狀。除了直徑緩慢改變的錐度加工和曲面加工之外，尚有削除材料、車削出溝槽的溝槽加工（圖2.2的a至c）。

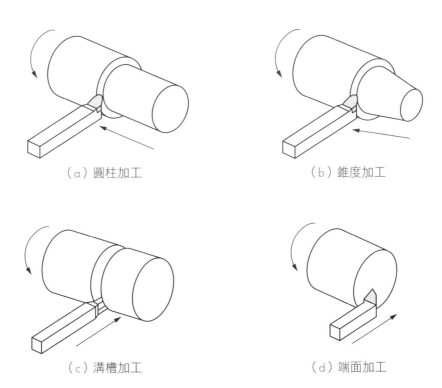

（a）圓柱加工　　　　　　　　　　　　　（b）錐度加工

（c）溝槽加工　　　　　　　　　　　　　（d）端面加工

圖2.2　車床加工事例－1

（2）端面加工

藉由將刀具置於工件側面，進行端面加工（同圖2.22的d）。因車床的結構，一次只能先加工工件的右端面，所以若要加工左端面時，需先將工件從夾爪取下，藉由左右對調的方式加工兩端面。

（3）鑽孔加工

車床還可用鑽頭加工右端面的中心孔（圖2.3的a），若孔的直徑較大，鑽孔後再用車刀削出指定尺寸，此作法稱做搪孔加工（圖2.3的b）。

（4）螺紋加工

外螺紋加工的作業方式，是用外螺紋車刀於工件外圍車削出外螺紋；相反地，內螺紋加工則是先鑽孔，再以內螺紋車刀加工（圖2.3的c和d）。另一種方法是，取下工件，再以螺絲模和攻牙器等工具，手動加工螺紋，相關內容第4章會再解說。

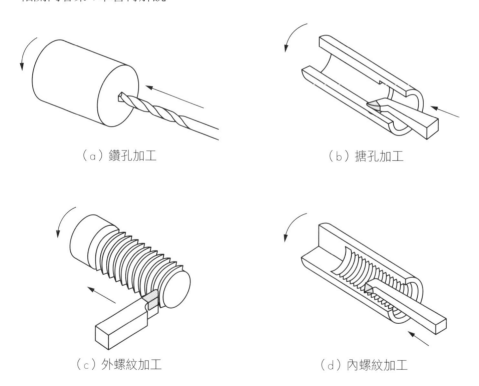

（a）鑽孔加工　　　　　　　　　（b）搪孔加工

（c）外螺紋加工　　　　　　　　（d）內螺紋加工

圖2.3　車床加工事例－2

車床加工原理和加工三要件

　　加工圓柱型的車床，其最大特徵是「旋轉工件」；與車床相反，其他工具機則是「旋轉刀具」。此外，許多工具機從加工者角度看去，是左右對稱的構造；車床則是有固定方向性，旋轉工件的功能在左側，固定刀具的機能在右側。不論哪家廠牌製造的車床，此方向性都是相同的。

　　車床的特性是僅旋轉需要車削的工件，不會前後左右移動。相對的切削原理是，藉前後左右移動刀具，切削出指定形狀。也就是說，車床有三大加工條件：工件的「旋轉數」、刀具的「切削量」，和「進給速度」（詳見第59頁）。

　　至於車床加工精度的基準，尺寸精度為「±0.02mm」、表面粗糙度則為平均粗糙度「~Ra1.6（舊制符號為▽▽▽）」。

＜車床加工三要件＞
1）旋轉數
2）切削量
3）進給速度

加工形狀	加工精度	表面粗糙度
圓柱形	中 （～ ±0.02）	▽ Ra1.6 （～▽▽▽）

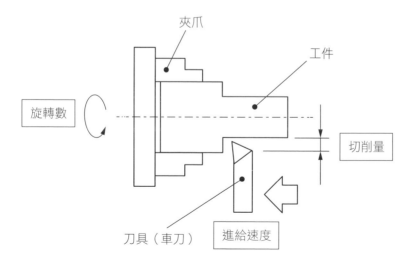

圖2.4　車床加工三要件

49

車床種類

　　車床種類有普通車床、正面車床、立式車床、NC車床之分。通常我們所說的車床指的是普通車床（圖2.5）。正面車床的刀具方向和普通車床有90度之差，針對外徑大、長度短的工件做端面加工（圖2.6）。立式車床是將普通車床垂直立起的構造，固定工件於水平面，適合加工重物。

　　此外，NC車床是藉由輸入數據資料，自動進行一連串的加工，是高生產力的工具機，也是加工現場的主力機種。第3章也會有NC車床的介紹，因加工原理與普通車床相同，本章請先瞭解基本知識即可。

車床構造

　　車床主要由三大機能構成：①從加工者的角度，左側為旋轉工件的「頭座」；②中間是將刀具前後左右移動的「刀具溜座」；③右側為「尾座」，可夾持長形工件，也可協助固定要在工件端面中間鑽孔的刀具（鑽頭）。一般作業僅使用頭座和刀具溜座，必要時才會一併使用尾座。

　　②刀具溜座前後左右的移動功能，不僅可手動，也可自動操作。而細長工件因容易變形，工件右端面中心會先鑽小孔（中心孔），將此孔嵌合於③尾座的尖端（稱做頂心），藉此頂心可夾持支撐工件。

　　順帶一提，本書提到車床方向時，是從加工者所站位置看出去的「左右方向」和「前後方向」。

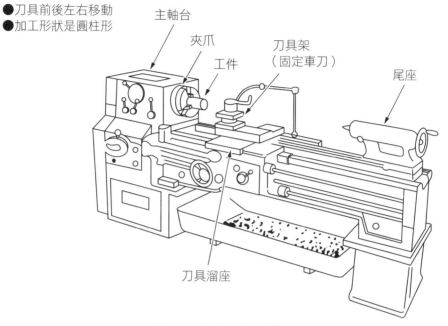

<＜車床加工的特徵＞
●旋轉工件
●刀具前後左右移動
●加工形狀是圓柱形

主軸台

夾爪

工件

刀具架
（固定車刀）

尾座

刀具溜座

圖2.5　普通車床的構造

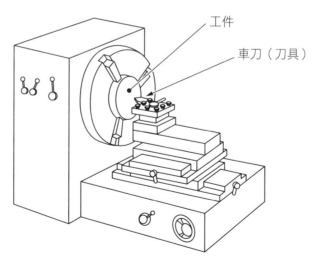

工件

車刀（刀具）

圖2.6　正面車床的構造

工件的夾持方法

固定與定位

　　以夾爪支撐工件的方式稱做夾持，此夾爪「固定」工件的同時，車床旋轉中心也配合和工件中心點進行「定位」。

最常見的三爪夾頭

　　三爪夾頭是在夾爪的側孔上，附有可拆卸式的把手，旋轉把手時，三爪會同時向中心移動（圖2.7的a）。這個設計可使固定工件和定位同時進行，是相當便利的構造。

　　夾頭上的夾爪有分硬爪和生爪（同圖b和c），硬爪為標準品，即使工件的直徑改變也可使用。相反地，生爪是配合工件本身特製的專用品。

　　硬爪經過淬火，硬度和耐磨耗性住，但容易刮傷工件表面，故有時會在夾爪和工件之間夾上軟性的鋁或銅。

　　需進行高精度加工時，會裝上生爪。在夾持工件前，會配合工件的外形尺寸加工夾爪。如此一來，車床的旋轉中心和生爪的定位中心便會完全吻合，可保有工件平面不被刮傷。生爪經常使用在NC車床。

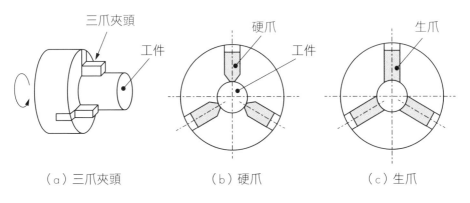

（a）三爪夾頭 　　　（b）硬爪 　　　（c）生爪

圖 2.7　三爪夾頭

筒夾夾頭

　　針對直徑小的工件，會使用筒夾夾頭。舉個常見的例子，變短的鉛筆會裝入延長筆管繼續使用；也就是，延長筆管外側會嵌入連接管，有螺旋紋的筆管便會鎖緊鉛筆。

　　此種夾爪需大面積地套住工件，因此不易刮傷，適用於較薄的管狀物，或鋁、銅等材質柔軟的工件。

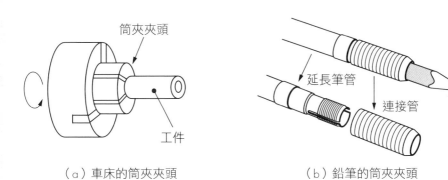

（a）車床的筒夾夾頭 　　　　　（b）鉛筆的筒夾夾頭

圖 2.8　筒夾夾頭

四爪夾頭

　　四爪夾頭可個別調整4個方向，用於夾持四方型的工件；或是想在端面中心點以外鑽孔，使其偏離中心時使用。但是，要配合所謂對準中心的定心作業，相當費時費力（圖2.9的a）。

尾座的頂心

　　當工件是細長形時，可藉由支撐工件右端面來穩定加工，支撐此工件的零件稱做「頂心」（圖2.9的b）。雖然依精度會有所不同，一般來說，當加工工件的長度為外徑的4至5倍時，會使用到頂心。

　　頂心的形態分固定頂心（又稱死頂心）和旋轉頂心兩種。固定頂心是一體成形，不會搖晃，旋轉精度高，但接觸點會因摩擦帶來磨耗和發熱，而產生熱膨脹。另一方面，旋轉頂心因內部裝有軸承，接觸點和工件一起旋轉，可抑制磨耗和發熱。

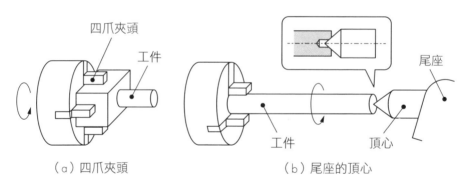

（a）四爪夾頭　　　　　　　（b）尾座的頂心

圖2.9　四爪夾頭和頂心

車床用刀具

單刃車刀

　　用於車床的刀具稱做「車刀」，因加工形狀不同而有許多種類。其中最常使用的是單刃刀具，它的刀刃在單邊，用於加工外圍或端面（圖2.10的a）。另外，旋轉固定車刀的刀具架（固定於刀具溜座上），可改變車刀角度，將工件角度加工成C角，也就是加工成45°。

切槽車刀

　　用於加工圓柱外圍溝槽，或切除工件的刀具。車刀垂直接觸工件，從加工者的角度看過去，是由前往後切削（圖2.10的b）。

　　因只有正面有刀刃，所以會抵著工件不左右移動。此外，車刀的寬度窄，如彎曲容易造成毀損，使用時需留意。

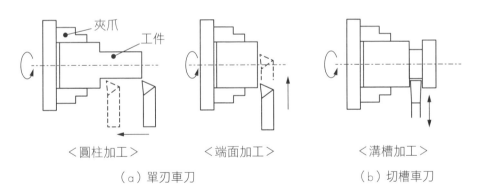

夾爪

工件

　　　　＜圓柱加工＞　　　　＜端面加工＞　　　　＜溝槽加工＞

（a）單刃車刀　　　　　　　　　（b）切槽車刀

圖2.10　單刃車刀和切槽車刀

內孔車刀（搪孔車刀）

要鑽直徑較大的孔時，可使用現場最大外徑的鑽頭來鑽孔，再以內孔車刀加工至指定尺寸。此外，因鑽頭無法做精度加工，想讓鑽孔的精度變高，或將內壁變得光滑時，就要以內孔車刀修整。內孔車刀又稱為搪孔車刀或搪桿。

但內孔加工有其困難度，像是看不到加工面，無法確認銳度；切屑難以排出；若不留意車刀，就會和工件碰觸；或是加工深孔時，車刀易歪斜，難以達到精度要求，這都是難題所在。

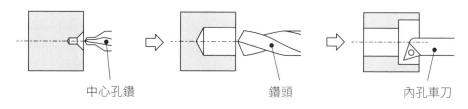

中心孔鑽　　　　　鑽頭　　　　　內孔車刀

圖2.11　內孔車刀

螺紋車刀

車床中的螺紋加工分兩種，外螺紋是用「外螺紋車刀」加工，而內螺紋則是以鑽頭鑽孔後，再以「內螺紋車刀」加工成螺旋狀（圖2.12）。螺紋並非一次就可加工完成，而是分次逐步車削完成。

螺紋加工中最難的程序，是稱做「拔刀」的外螺紋不完全牙加工。因螺旋溝的深度逐漸改變，需要熟練的技巧，其解決對策便是稍後會提到的圖2.23的逃溝加工。

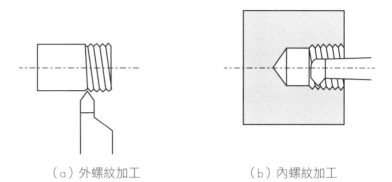

（a）外螺紋加工　　　　　　　　　（b）內螺紋加工

圖2.12　螺紋車刀

鑽孔加工的工具

鑽孔加工所使用的工具，有「中心鑽」、「鑽頭」和「鉸刀」，皆固定於尾座使用，第4章將有詳細介紹。

各構造的車刀種類

前面篇幅都是從功能來談車刀，接著讓我們由構造來看車刀。車刀依構造分成多種，在此主要介紹「焊接式車刀」及「捨棄式車刀」。

（1）焊接式車刀

焊接式車刀又稱焊刃車刀（圖2.13的a），為了可以固定於刀架台上，刀桿前端的刀刃，是硬焊上去的（關於硬焊會於第7章再詳細介紹）。

此焊接式車刀，是用磨床的旋轉磨石，將刀刃修整出最適合的形狀。產生磨耗時，需用手工再次研磨，加工者需有高超的技巧。

超硬合金的刀刃，隨添加物的種類、添加量、和顆粒大小等差異，分成P、M、K共三大類，為了容易辨別，會在刀桿塗上顏色。區別的標準是，P（綠色）是鋼鐵加工用；M（黃色）是不鏽鋼加工用；K（紅色）則是用於鑄鐵、鋁、銅等非鐵金屬的加工。

熟練的加工者手上會有數十支車刀可使用，也會親手修整它們。

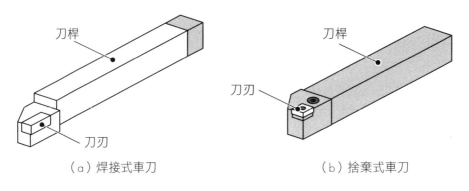

（a）焊接式車刀　　　　　　（b）捨棄式車刀

圖2.13　焊接式車刀和捨棄式車刀

（2）捨棄式車刀

　　捨棄式車刀的構造，是將刀桿和刀刃用螺絲固定（圖2.13的b）。刀桿和刀刃的市售品五花八門，配合不同用途，種類齊全。磨耗時也不需再研磨，可直接替換，相當便利。

　　這類車刀，有三角形、四角形、六角形、鑽石形和圓形等多種形狀，三角形和正方形車刀最被廣泛使用。三角形狀的兩面形有「三個邊 × 兩面」，共計6面的刀刃可使用。目前市面上，也以捨棄式車刀為主流。

車床的加工條件

加工三要件

　　車床的加工條件有三個：「工件旋轉數」、「車刀切削量」和「車刀進給速度」，依工件或車刀的材質、加工精度、研磨面粗糙度（粗車或精車）的不同，條件各異。如何找出最適合的加工條件，仰賴加工者的技巧。

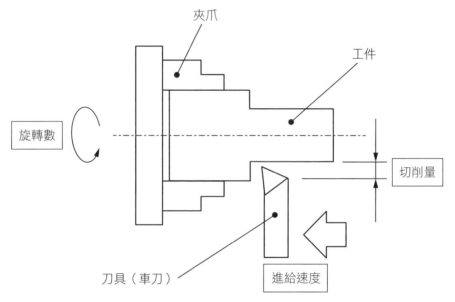

圖2.14　加工三要件

工件旋轉數

　　加工條件的其中一項，是車刀切削工件的「切削速度」，以1分鐘的切削長度（m/分）表示。

　　即使旋轉數相同，工件直徑愈大，切削速度愈快，因此要決定最適合的「切削速度」之後，再依工件的直徑算出「旋轉數」。旋轉數指1分鐘轉幾次，單位為rpm（轉/分）。

端面加工是從外圍朝向中間切削，外圍附近的切削速度要快，愈接近切削的中心時，速度要放慢。檢視加工後的端面，外圍表面的光澤度比中間好，就是因為切削速度不同。

加工速率雖然越快越好，但相對車刀會劇烈磨耗，必須從加工效率和經濟面兩方面，來衡量決定加工速度。

車刀切削量

第二個加工要件，是決定一次要切削多少的切削量。刀具切削工件時的深度，稱做「切削量」，單位為mm。

切削量愈大，一次可大量切削。切削次數減少，加工效率較好，但加工精度就會變得粗糙。一般來說，粗車的切削量大（單邊2mm左右），精車的切削量小（單邊0.5mm以下左右）。

車刀進給速度

不論工件如何旋轉，刀具若不前進就無法切削。工件旋轉1周的刀具移動距離，稱做進給量，單位是mm/轉。將此「進給量（mm/轉）」乘上「工件的旋轉數（rpm=轉/分）」，可換算出「進給速度（mm/分）」。速度愈快，效率就可提升，但加工表面就會變得粗糙。

表面粗糙度的加工條件

　　加工面的表面粗糙度，受刀具前端的半徑「刀鼻半徑」，和刀具的「進給量」（每轉1周的移動量）影響。切削加工因為刀具的形狀原封不動的轉印到工件上，若刀鼻半徑大、進給量小，就可加工出光滑的表面。

　　以下圖來說，a圖是表面粗糙度大的狀態，因此，若將刀鼻半徑變大則成為b圖；此外，若刀鼻半徑維持不變，切削量變小時，就會像c圖。不論何種都可看出表面粗糙度的變化。但刀鼻半徑增大，切削阻力也會變大，銳度就會變差，是震動（又稱振刀）發生的原因。

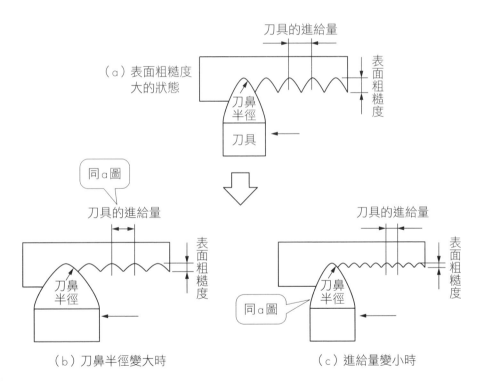

（a）表面粗糙度大的狀態

同a圖

（b）刀鼻半徑變大時

（c）進給量變小時

圖2.15　表面粗糙度的加工條件

圖面解讀

零件圖要配合加工目的

　　車床不論何種廠牌都是夾持工件左側，加工右側。零件圖需依照此種模式繪製，可使加工者容易辨識，也預防判讀錯誤。

　　JIS規格（日本工業標準）也有明文規定：「為了加工而繪製的圖面，如零件圖等，以加工時使用圖面最多的製程，來繪製目的物的靜置狀態。」車床以外的工具機皆是左右對稱，不需特別留意此規則；因車床有此方向特性，所以必須遵循此規則。

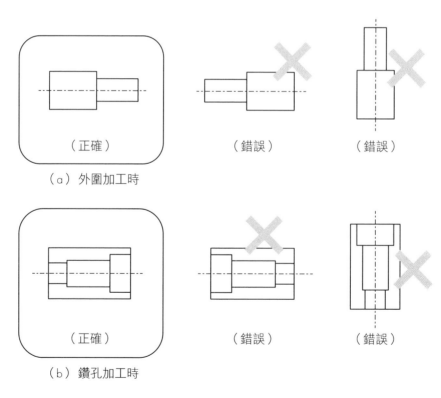

（正確）

（a）外圍加工時

（錯誤）

（錯誤）

（正確）

（b）鑽孔加工時

（錯誤）

（錯誤）

圖2.16　車床加工時的零件圖方向

一次加工到底的設計

假設兩邊都有盲孔（沒有貫穿的孔）時，加工好右端面之後，就必須將工件從夾爪取下，再左右顛倒加工左端面。如此一來，不僅增加工件裝卸的人工作業，且兩個孔的中心軸也會偏移。換句話說，就是同心度不佳。

其解決對策，即優先研究可全部從同一方向加工的形狀。也就是說，只要夾爪一夾持就不需再拆卸的設計，就不會有拆卸的作業，也不會有中心軸偏移的問題。若不得已兩邊都需分別加工時，以標準來說，同心度大約會產生 0.02 至 0.05 的偏移。

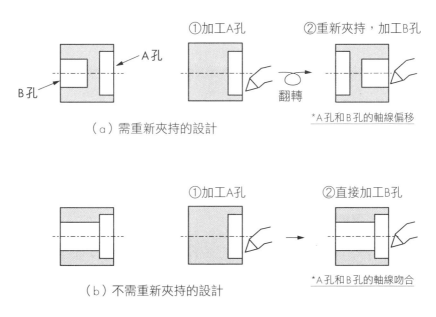

①加工A孔　②重新夾持，加工B孔

A孔

B孔

翻轉

*A孔和B孔的軸線偏移

（a）需重新夾持的設計

①加工A孔　②直接加工B孔

*A孔和B孔的軸線吻合

（b）不需重新夾持的設計

圖2.17　一次加工到底的設計

階梯角落的R角尺寸標示

切削加工的特徵之一是，刀具形狀會原封不動轉印到工件上，因此圖面上階梯角落R角[2]的尺寸標示，會影響使用的刀具。例如，圖面上若階梯角落標示R角0.5，車刀前端的刀刃半徑（刀鼻半徑）也必須限定在R0.5。然而，刀鼻半徑對加工效率，和加工面的表面粗糙度影響很大，因此需盡可能地擴大加工者可選擇的範圍。

通常會標示角落的半徑，多數是為了和其他零件組裝時，不要造成干擾。尺寸標示若加上「以下」的指示，可擴大範圍。如前面的例子，就可標示成「R0.5以下」，而非「R0.5」，如此一來，刀鼻半徑就有0到0.5的選擇範圍。

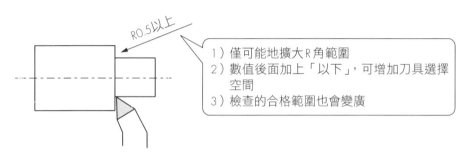

圖2.18　R角的標示

孔內不要做溝槽

想要提高軸孔配合時的密閉性時，多數會使用嵌入O形環的構造。而可嵌入O形環的溝槽，是要加在孔內側？還是軸的表面？那一種比較合適呢？

單就功能性來看，兩種方式都差不多，但在加工和組裝上卻有天壤之別。軸表面用切槽車刀就可輕鬆加工，而孔內使用內孔車刀的溝槽加工，是很困難的作業。甚至，溝槽加工後的O形環組裝作業，也同樣是嵌入軸上的方式較簡單，嵌入孔內的方式困難。基於上述理由，得出以下結論：「溝槽加工毫無疑問應加工在軸上」。

註2：R角即小於180°之圓角，其大小以半徑標注，標注形式由R與數字組成。

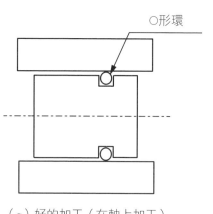

○形環

（a）好的加工（在軸上加工）

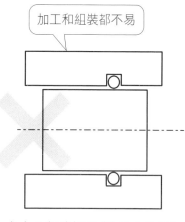

加工和組裝都不易

（b）不好的加工（在孔內加工）

圖2.19　溝加工在軸上

加工精度高的軸時，要用逃溝加工

　　軸孔配合時，一般使用「孔公差H7、軸工差g6」的公差，組裝時幾乎不會有卡住的感覺，可以平順地嵌合。此標準的嵌合度，即使是很小的灰塵或異物進入，也會變扭曲。若嵌合的部分很長，孔和軸會產生彎曲，就會變得難以嵌合（圖2.20）。

　　因應對策是，避開軸的中間，將其外徑變細，就可避免灰塵異物和彎曲的影響。逃溝加工簡單易行，也不會增加成本，相當推薦此種加工法。

　　在圖面上標示時，若以直徑標示逃溝，因也可以解讀成直徑尺寸，所以也有以外削除掉外徑的切削量來標示的方法。例如，以「逃溝深0.5」來表示，但此非JIS規格，而是某些企業的內規。

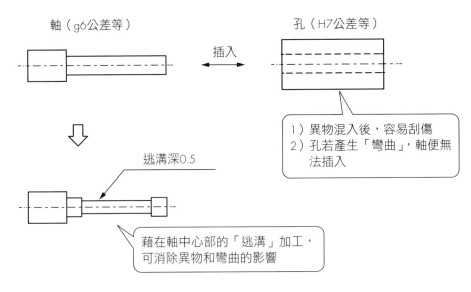

圖2.20　軸孔配合時的逃溝加工

中心孔加工的圖面標示

工件的長度比直徑長時，為支撐右端面，可加工中心孔後，再以頂心支撐中心部位，防止下垂。其判斷標準是，長度為直徑的4至5倍長，就要加工中心孔。若圖面上沒有標示，加工者或品檢人員可再詢問設計者，可否加工中心孔。當然，設計者事先在圖面上註明可否加工中心孔，是最省時省力的方法。

JIS規格雖有規範簡圖標示和中心孔尺寸標示的方法，但此標準的認知度低，而中心孔尺寸又由加工者判斷，因此建議圖面可標上「中心孔可」，不用具體標示中心孔尺寸（圖2.21）。

若有深度限制，可標示「可有中心孔、深度5mm以下」。非不得已不能留中心孔時，可標示「不可有中心孔」。此情形可在加工結束後，在端面加工，將中心孔削除。

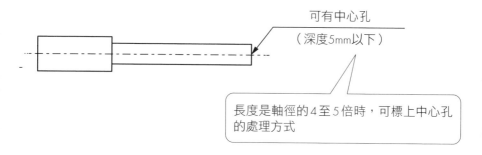

可有中心孔
（深度5mm以下）

長度是軸徑的4至5倍時，可標上中心孔
的處理方式

圖2.21　中心孔標示範例

外圍溝槽加工的深度限制

當外圍要加工溝槽，通常是使用切槽車刀。此種刀具的寬度較窄，一彎曲就容易斷裂，需特別留意。各車刀寬度相對應可切削的深度標準，列舉如下：

刀具寬W	車削 最大深度L
2mm	15mm
3mm	20mm
4mm	25mm
5mm	25mm

圖2.22　溝槽加工的限制

外螺紋的逃溝加工

車削內螺紋時，不完全牙的根徑[3] 逐漸變小，難以加工，建議可預留逃溝，僅加工完全牙就好。逃溝加工的標準寬度是3mm左右，深度要比根徑小（圖2.23）。

註3：牙底直徑，即螺紋的最小直徑。

內螺紋的逃溝加工

　　以螺紋車刀車削內螺紋時，為閃避刀具尖端，螺孔長度需比螺紋還要長。此逃溝尺寸標準，最低需為螺紋牙距（螺距）[4]的3倍（圖2.23）。

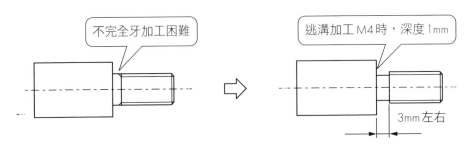

圖2.23　外螺紋的逃溝加工

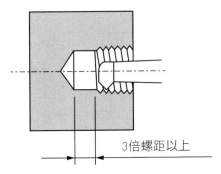

圖2.24　內螺紋的逃溝加工

註4：「螺距」為鄰近兩條螺紋之間的軸向距離。

第 3 章

切削塑形的銑床加工

銑床加工的特徵與種類

加工角柱形的銑床

上一章介紹完加工「圓柱形」工件的車床，本章將解說加工「角柱形」工件的銑床。

銑刀代表含有多個刀刃的刀具，使用銑刀的工具機，稱做銑床，英文是 milling machine。

銑床的加工事例

首先來介紹銑床可做的加工事例（圖3.1），括弧（ ）內表示使用的工具名稱。

（1）外形加工（面銑刀）

將工件外型切削成大半面。

（2）側面加工（端銑刀）

可側面加工，或加工成階梯形狀、圓弧形。

（3）溝槽加工

可加工溝槽，或是口袋狀的凹槽、鍵槽、切槽（又稱切溝）。

（4）鑽孔加工

如同車床或鑽床，銑床也可做鑽孔加工。

（5）曲面加工

曲面加工比較複雜，是後面會提到的 NC 銑床或中心加工機來加工。

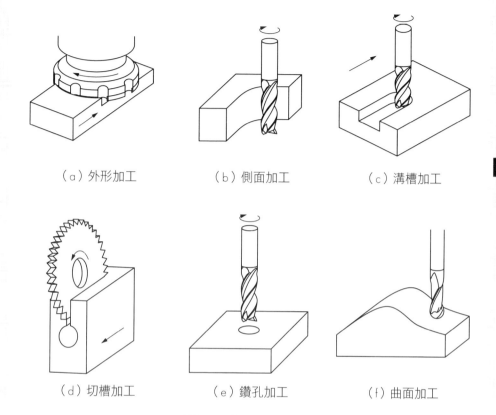

（a）外形加工　　　（b）側面加工　　　（c）溝槽加工

（d）切槽加工　　　（e）鑽孔加工　　　（f）曲面加工

圖3.1　銑床加工事例

銑床加工原理和加工三要件

　　銑床和車床相反，是「旋轉刀具」來切削。其原理是，僅旋轉刀具，將工件前後、左右、上下移動，切削出指定形狀（圖3.2）。也就是說，加工條件有三個，分別為刀具的「旋轉數」、工件的「切削量」，和「進給速度」（詳見第80頁）。

　　銑床的加工精度標準，尺寸精度為「±0.02mm」，表面粗糙度則為平均粗糙度「～ Ra1.6（舊制符號為▽▽▽）」。

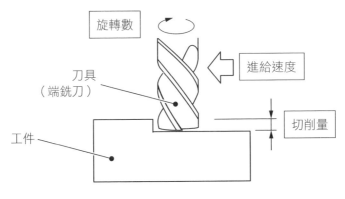

加工形狀	加工精度	表面粗糙度
角柱形	中 （～ ±0.02）	√ Ra1.6 （～▽▽▽）

<銑床加工三要件>
1）旋轉數
2）切削量
3）進給速度

旋轉數

刀具
（端銑刀）

進給速度

切削量

工件

圖3.2　銑床加工三要件

銑床種類與構造

　　銑床的種類，有分立式銑床、臥式銑床、NC銑床以及中心加工機（圖3.3）。一般提到銑床，是指泛用型的立式銑床。

　　立式銑床的構造，是旋轉刀具的主軸與床台垂直。與此相對，臥式銑床的構造，主軸是水平方向。NC銑床與NC車床相同，是藉由輸入數據資料就可自動加工的工具機；再附加刀具自動交換功能，就成為中心加工機。NC工具機將留待後面介紹。

<銑床加工特徵>
●僅旋轉刀具
●工件前後、左右、上下移動
●加工形狀為角柱形

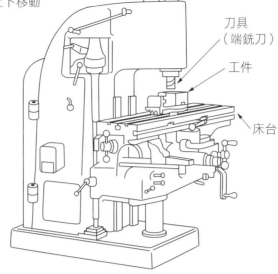

刀具
（端銑刀）

工件

床台

（a）立式銑床

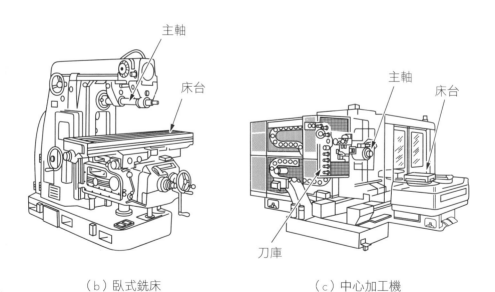

主軸

床台

主軸

床台

刀庫

（b）臥式銑床　　　　　　　（c）中心加工機

圖3.3　銑床種類

工件夾持方法

工件的固定方法

工件是固定於稱做虎鉗的固定治具上，再安置於床台。工件較大時，就直接固定於銑床床台。

虎鉗的使用方法

虎鉗又稱做「萬力」，不限用於銑床，是一般固定工具的治具（圖3.4的a）。轉動把手單側的鉗口，可閉合夾緊工件。工件的形狀可以是角柱形或圓柱形，為了不損傷工件，夾住工件時，會在鉗口與工件間夾入銅板或鋁板。此固定工件的虎鉗，是以螺栓固定於銑床床台。

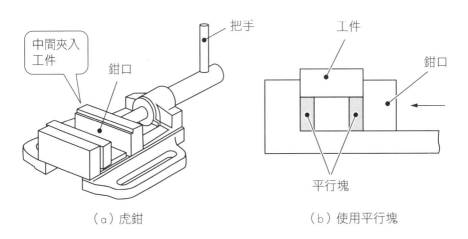

（a）虎鉗　　　　　　（b）使用平行塊

圖3.4　虎鉗

工件較薄時，加工面會陷在鉗口裡，因此會墊上兩塊平行塊，來提升工件的高度（同b圖）。因平行塊的形狀很像日本點心羊羹，加工現場也將平行塊稱做「羊羹」。高精度平行塊在市面上是以2個為一組販售，經過淬火，厚度和平行度的尺寸精度都達 μm的水準（千分之1mm）。因會直接影響工件精度，取用時須非常小心。

直接固定於床台的方法

另一方面，工件較大無法用虎鉗固定時，會直接固定於床台上。有利用床台的T形溝以手虎鉗夾持的方法，也有以壓板和墊塊夾持的方法。前者用於較薄的工件，後者可調整高度。這些夾具一般市面上都有販售。

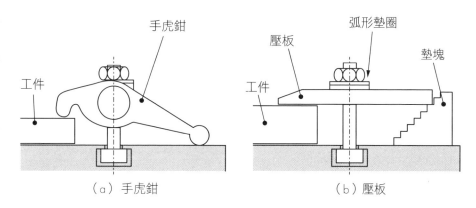

（a）手虎鉗　　　　　　　　（b）壓板

圖3.5　手虎鉗和壓板

銑床使用的工具

面銑刀

面銑刀通常用來切去不要的板材部分，或加工長方體這類較寬廣的平面。因其直徑較第77頁介紹的端銑刀大許多（ϕ80～200不等），加工效率較好。

在稱做刀體的本體上，刀片（又稱嵌入式刀片）用螺絲固定著。第2章車床也介紹過這類刀片，是可替換的拋棄式消耗品，材質以硬質合金及金屬陶瓷為主流。此外，刀刃的數量會影響加工精度及加工能力。

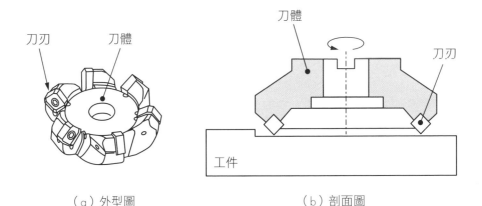

（a）外型圖　　　　　　　　　　　　（b）剖面圖

圖3.6　面銑刀

面銑刀的同時切削刃數量

若要能穩定地加工，最重要的是，盡可能減少加工時的衝擊力。就此點來說，第1章所介紹的車床用車刀，因屬單刃刀具，加工時連續接觸工件，所以較為穩定。而銑床用的面銑刀或端銑刀，則屬多刃刀具，因有複數個刀刃，使切削加工變得斷斷續續，會加劇刀刃接觸工件時的衝擊力道。

尤其因面銑刀的直徑大，若刀刃數少，與工件接觸產生的空檔，下個刀刃將承受巨大的瞬間衝擊力。基於上述原因，同時加工的刀刃（在此稱做同時切削刃）數量，都保持相同會比較理想。

相反地，若是增加過多刀刃數，刀刃間的高度差也會影響加工表面的粗糙程度。同時也會因刀刃間的空隙過窄，讓切削屑無法排出，產生阻塞的風險。

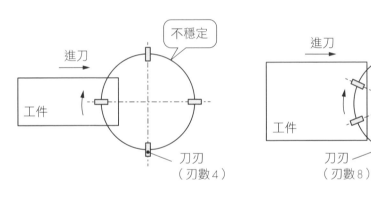

（a）同時切削刃 0至1個 　　　（b）同時切削刃 維持2個

圖3.7　同時切削刃的數量

端銑刀

面銑刀用來切削大平面，端銑刀則是用來做側面、段差、溝槽等加工（圖3.8的a圖）。端銑刀在端面和側面周圍均有刀刃，刃徑通常在 ϕ 3~30。此外市面上也有 ϕ 0.1或 ϕ 0.2的超細端銑刀。材質一般為高速工具鋼（高速鋼）或硬質合金，刃數多為2刃或4刃。

依刀尖形狀，可分為「直角端銑刀」、「R角端銑刀」、「球形端銑刀」
和「錐形端銑刀」四種（同b圖）。直角端銑刀刀尖的R角半徑近趨於0，
所以市面上的產品目錄幾乎不會記錄其半徑尺寸。另一方面，R角端銑刀
的刀尖即帶有R角半徑，市面上以0.1mm為單位，有R0.1至1.0之間尺寸
可供選擇。

（a）端銑刀的各部位名稱

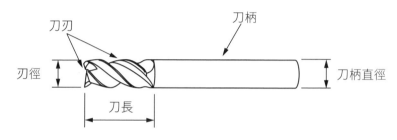

（b）端銑刀的各部位名稱

名稱	形狀	加工事例
直角端銑刀		
R角端銑刀		
球形端銑刀		
錐形端銑刀		

圖3.8　端銑刀的各部位名稱及形狀

球形端銑刀的端面為半圓形，和上述的R角端銑刀都是將工件倒角[1]。例如，曲面加工時，相較於用直角端銑刀可使加工面產生階梯狀，帶有R角半徑的端銑刀，則可加工成和緩的波浪狀。

最後的錐形端銑刀，刃徑由根部向端部慢慢變小，形成錐狀，想將工件銑削出斜面時，會使用此種端銑刀。

市面上這四種端銑刀，有刀柄和刀刃一體式的，也有可替換拋棄式刀片的類型。只是，拋棄式刀片的刀徑在構造上較大，一般為 ϕ 10以上。

開槽銑刀和金屬鋸片

加工細小的溝槽時所使用的工具。「開槽銑刀」的厚度從刀刃到旋轉中心都是相同的，而「金屬鋸片」的刀刃厚度愈往旋轉中心愈薄，可避免已加工完成面與刀刃互相干擾。兩者皆應用於臥式銑床（圖3.3的b）。

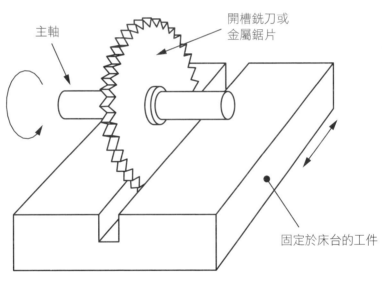

主軸

開槽銑刀或
金屬鋸片

固定於床台的工件

圖3.9　溝槽加工

註1：指在金屬板角處添加圓角，使其不鋒利、增加可接觸性。

銑床的加工條件

銑床加工三要件

接下來介紹銑床的三個加工條件（圖3.2），基本概念和車床是相同的。

（1）刀具（面銑刀或端銑刀）的旋轉數

決定好適合的切削速度，接著就要考慮刀具直徑，算出旋轉數。

（2）刀具切削量

切削量和車床一樣，即切削工件的深度（mm）。

（3）工件進給速度

進給速度是工件每分鐘移動的距離，單位是mm/分。要算出進給速度，首先要有刀具的「每刃進給量」。銑床使用的面銑刀和端銑刀，都是多個刀刃（2至6刃）。

每刃進給量的標準，由工件材質或加工後的表面粗糙度決定。

若要說明工件進給速度的計算式，可參考下面算式：

工件進給速度（mm/分）＝ 每刃進給量（mm/刃）× 刃數（刃/轉）× 刀具旋轉數（轉/分）

一般來說，旋轉數（切削速度）快，切削量會小；工件進給速度愈慢，愈易切削出漂亮的成品表面。

雖然旋轉數愈快，每單位時間內的切削量增加，加工效率也好，但刀具會因發熱，導致壽命減短。因此需要考慮刀具的材質，找出兼顧品質與效益的加工條件。

逆銑與順銑

　　刀具旋轉方向和工件進給方向的關係，可分成兩部分。刀具旋轉方向，也就是切削方向，和工件進給方向相反的稱為逆銑，雙方方向一致的稱為「順銑」。兩者各有利弊。其特徵是，逆銑的成品面光滑，順銑的刀具壽命長。以實務面來說，會以成本考量為優先，而選擇順銑。

　　但此考量只適用側面加工。溝槽加工時，刀刃的一半為逆銑，另一半則是順銑加工。

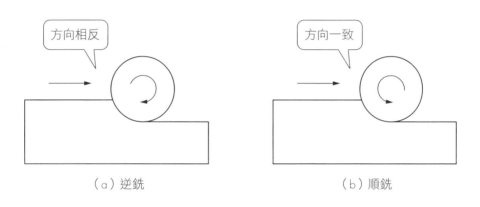

（a）逆銑　　　　　　　　　　　　（b）順銑

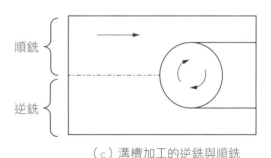

（c）溝槽加工的逆銑與順銑

圖3.10　逆銑與順銑

NC自動化工具機

工具機的自動化優勢

到此為止介紹的工具機，都是由作業員來操作加工，因此作業員的技巧優劣會直接影響品質，生產能力也有極限。於是自動化工具機便在此背景下誕生。

自動化的目的與優點，如同第1章所介紹，有以下各點：

①消除因加工者技巧優劣而產生的品質差異。

②即使熟練度低，也可短時間內學會操作。

③1人可同時操作2台以上的機台（操作多台）。

④藉由無人化操作，可夜間加工。

⑤可設定程序，提升加工效率。

舉泛用機來說，困難度較高的曲面加工，藉由自動化，就能「誰都可以、隨時、正確、輕鬆地加工」。但另一方面，自動化工具機相對昂貴，或是必須再學習將加工內容變成指令輸入工具機的程式設計技術。

NC和CNC的意思

即為「可自動化的工具機」，就如同NC車床和CNC銑床，開頭會有NC或CNC的字母縮寫。NC是「數值控制」的意思，表示「可自動控制位置或速度」。換句話說，NC車床就是可用數值控制的自動化工具機。

原本的NC裝置，是藉電晶體或IC等組合做邏輯運算，並將加工資訊輸出在紙帶上（打孔），讓NC裝置讀取數據。後來電腦普及，NC裝置也導入電腦化，程式設計和輸入作業變得格外便利，此裝置即為電腦NC裝置，又稱做CNC裝置；用來和NC裝置做區別。但現在NC裝置已完全電腦化，NC裝置和CNC裝置是一樣的意思，本書統一以NC裝置稱之。

NC車床

　　將泛用車床合併NC裝置，便是「NC車床」。它的特性是刀具可自動交換，因此能連續加工。

　　NC車床的操作順序如下：

①邊看圖面邊設定程式；

②將程式輸入至工具機；

③設定要使用的刀具組；

④將材料放入供給裝置；

⑤開始試加工，若OK就正式加工。

　　程式有多種形式，有將加工動作一個一個輸入的程式；也有輸入必要尺寸等，資訊即可自動生成的對話式程式。

　　量產品或螺紋加工等需要高加工技術的生產，都以此NC車床的加工為主流。

NC銑床和中心加工機

　　將泛用銑床與NC裝置合併，便是「NC銑床」。不過，這機器並無附加刀具自動交換的功能；有附加刀具自動交換裝置的是中心加工機（圖3.3的c），簡稱「中心機」。它與泛用銑床相同，類型有立式和臥式。

複合加工機

　　為對應高精度、高性能、高能力，市面上售有多種工具機。在這當中也有兼具NC銑床和中心機兩種機能的「複合加工機」，其功能相當驚人，1台機器可做所有加工。此外也有搭載對應熱變形，或是防止刀具和工件碰撞等機能。

3軸數控加工和5軸數控加工

　　可移動刀具或工件的計量單位，以「軸」表示。立式的中心加工機一般為3軸數控加工，刀具可前後、左右、上下移動。大部分的加工，3個方向就足夠對應；但也有使承載工件的平台成為「傾斜軸」和「旋轉軸」的5軸數控加工，在加工螺旋這類複雜形狀上可發揮威力。

　　此外，3軸就可以加工的長方體，在5軸的機台上，可自動變換工件方向，達到連續運作的目的。

所謂CAD／CAM／CAE

　　支援電腦製圖的軟體稱為「CAD」，以前是手繪在製圖板上，現在一般都使用CAD，此CAD軟體可儲存製圖資料；將數據自動轉換成NC加工機可用資料的程式軟體，稱為「CAM」。

　　至於「CAE」，是指在開發階段，用電腦技術模擬施力或發熱等影響因素的軟體，通常是製作樣品來測試，憑藉這個軟體，便可在短時間內完成預測驗證。

切削加工造成的現象

加工硬化

　　因切削加工而產生的現象，有「加工硬化」、「刀口積屑BUE」、「發熱」和「振刀」四種。

　　將材料施以極大外力，結晶會有拉伸現象，超過某種程度的拉伸就會難以變形，強度和硬度增加的同時也會變脆，此現象稱為「加工硬化」。

　　想必大家都有過這種經驗，想要剪斷金屬線時，手邊卻沒有任何工具，通常只要重複凹折同一個地方，就會使其斷裂，達成目的。這是因為重複凹折造成結晶拉伸，而加工硬化又會變硬，材料變硬的同時也會變脆，利用變脆的特性便可折斷。

　　切削加工也是一樣的道理，刀刃切削工件時產生加工硬化，工件的加工表面和切屑都會變硬。

　　此外第5章將會介紹的珠擊法，就是利用加工硬化的加工法，將細小的金屬顆粒高速撞擊工件，藉由工件表面產生的加工硬化，提高耐磨耗性以及預防疲勞破壞。

刀口積屑BUE（Built-up-Edge）

　　所謂刀口積屑BUE，指切屑緊緊黏在刀刃上，可變成像刀刃般發揮作用。軟鋼、不鏽鋼或鋁這類有粘性的材料，容易發生此現象。

　　刀口積屑BUE會隨著加工的進行，體積漸漸變大，等變大到一定程度便會從刀刃脫落。然後又開始新的黏著，短時間內不斷重複。

　　一旦產生刀口積屑BUE，工件會被切削過多，尺寸精度便會降低，加工表面也會變得粗糙。而刀口積屑BUE脫落時，也會將原本的刀刃捲走，產生缺損。

　　刀口積屑BUE如為鋼材，溫度大約到600℃，黏著現象就會消失，可加快切削速度。或使用後面將提到的切削油劑，來防止黏著。

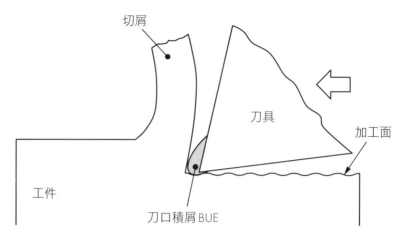

圖3.11　刀口積屑BUE

切削時的發熱原因

　　切削處的發熱原因，有「工件變切屑時的破裂」和「切屑和刀具摩擦」兩種。「工件和刀具摩擦」時，鋼材的溫度可達800至1000℃，此熱能大約80%會傳到切屑，剩下20%會留在刀具和工件上。不鏽鋼等熱傳導率低（難以導熱）的材料，不易散熱，特別容易變高溫。

　　發熱的不良影響，有以下三點：

①刀具或工件產生熱膨脹，降低加工精度。

②刀具硬度下降，壽命變短。

③熱傳導到工具機本體，造成歪斜，影響加工精度。

　　因此，便需要找出對策來解決發熱問題。

解決發熱的對策

抑制發熱的對策，除了最佳化工具的旋轉數、切削量這類加工條件之外，還可用切削油劑使切削處冷卻。此外，工具機本身也會受驅動馬達或滑動部產生的發熱、室溫變化的影響，因此可將驅動部設置在遠離本體的地方，或是將工具機設計成對稱的構造，使發熱能平均分散，防止歪斜。

另外，加工前先熱機，或是午休時間不停機，使其繼續空轉，都是穩定溫度的方法。

稱做振刀的振動

加工時工具機本身，或是工件、刀具都會產生振動，此振動稱做「振刀」。振刀發生會導致加工精度降低、刀具壽命變短，或刀尖缺損等不良影響。

振刀大部分是因共振而起，可藉由改變加工條件，重新檢視工件和刀具的組裝位置來防止。

此外，工具機外框使用鑄鐵，也是為了要活用這材質優異的吸震特性。

關於切削油劑

切削油劑的效果

在切削處塗油，原本的目的是要潤滑便於加工，之後演變成在高速加工下使用，可防止溫度升高、沖去切屑的效果。所以不單只有油，市面也有水溶性或使用各種添加劑的產品，可統稱為「切削油劑」。

整理切削油劑的功能如下：

（1）潤滑效果

● 促進潤滑，容易加工。

● 使切屑順暢，提高加工精度。

● 減少摩擦，延長刀具壽命。

● 防止刀口積屑BUE。

（2）冷卻效果

● 防止工件和刀具熱膨脹，避免降低加工精度。

● 冷卻刀具，延長刀具壽命。

（3）洗淨效果

● 沖走切屑，防止加工面損傷。

● 防止切屑捲入刀具，避免刀刃破損。

切削油劑的種類

市售的多種切削油劑，分成以油為主成分的「非水溶性切削油劑」，和以水為主成分、含有少許油的「水溶性切削油劑」。

潤滑效果以非水溶性切削油劑較好，冷卻效果以水溶性切削油劑較佳。高速切削時以冷卻為優先，大多使用水溶性切削油劑。與非水溶性相比，水溶性的安全性和操作性較佳，但容易滋生細菌、腐敗變質，需頻繁更換。此外又因性質與水相同，加工後需擦拭，避免生鏽。

切削油劑的補充方法

切削油劑安裝於工具機的軟管上，經幫浦抽取引流至切削處。因軟管柔軟靈活，可手動自由任意引流；流出的切削油劑可藉工具機的自動循環功能，重複使用。

此外，鑽孔較深長時，因切削油劑難以流入孔的內部，市面上有賣鑽頭中間有孔的「槍孔鑽」，可直接從孔的前端注入切削油劑。

乾式加工

加工時若可以不使用切削油劑，不僅可降低成本，還可省去維修保養，因此有了幾乎不使用切削油劑的乾式加工；或是使用霧狀的切削油，以少量的方式做半乾式加工。

工件材質為鑄鐵時，因易切削的材料特性，一般不會使用切削油劑；但現今高速加工變成常態，也會為了抑制刀具發熱，而使用切削油劑。不過鑄鐵的切屑為粉末狀，混入切削油劑就會成泥狀，需考量加工現場整體狀況，判斷是否使用切削油劑。

圖面解讀

深度方向的R角尺寸標示

如同第2章車床加工所介紹的，由於端銑刀前端的R角會原封不動轉印到工件，如果沒有特別規範，可盡可能地放大R角，在數值後面加上「以下」，擴大加工者可選擇的範圍。

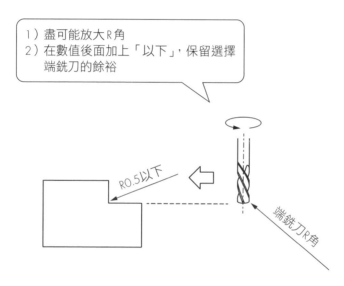

1）盡可能放大R角
2）在數值後面加上「以下」，保留選擇
　　端銑刀的餘裕

R0.5以下

端銑刀R角

圖3.12　R角標示

平面方向的R角尺寸標示

為了搬送用途而設計的治具，經常會在中央挖出口袋形狀的凹槽，通常是用端銑刀加工，四周圍的角會變成端銑刀的R角。若考量加工效率和精度，可使用直徑大的端銑刀。

如同前面所提到的，這裡的R角也要盡量加大，祕訣也是在數值後面標上「以下」（圖3.13）。

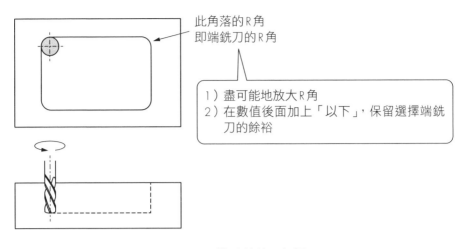

圖3.13　口袋形狀的R角標示

四周不標R角的情況

　　口袋形狀的四周無法做R角時，會做逃溝加工。此種逃溝加工若有技術性困難，最後的方法便會使用第7章介紹的放電加工。

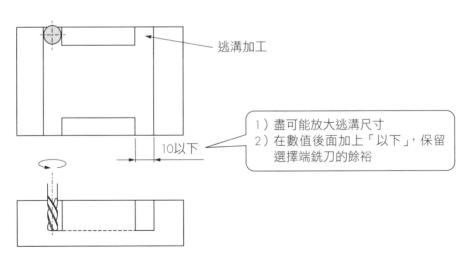

圖3.14　口袋形狀的R角標示－2

容易確保直角的逃溝加工

　　想加工出直角的角度時，若需加工的深度比端銑刀的直徑大，因加工反作用力會導致端銑刀偏移，使得直角度公差難以對應，此時可重新評估直角的必要深度，非必要面可做逃溝加工，藉此提高加工精度與容易度。

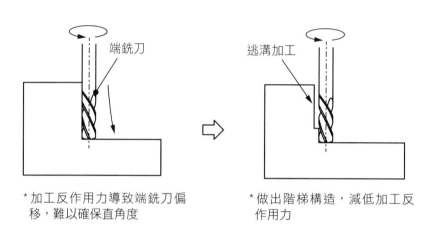

＊加工反作用力導致端銑刀偏移，難以確保直角度

＊做出階梯構造，減低加工反作用力

圖3.15　容易確保直角度的形狀

第 **4** 章

鑽床上的孔加工

孔加工的特徵

為何要做孔加工？

孔加工的目的條列如下：

①固定用的「螺絲孔」。

②與軸配合的「組裝孔」。

③避免影響到其他零件的「逃孔」。

④其他（車床的中心孔等）。

其中數量最多的，是①固定用的螺絲孔。生活周遭的物品都是由數個零件組成，生產這些物品的設備，也是由許多零件構成。用螺絲來固定零件，可重複裝卸又方便，所以被廣泛採用。

所謂螺絲固定，是指一邊的零件加工成螺旋狀，另一邊則鑽出貫通孔，嵌合後再用螺帽拴緊。又或者是兩邊的零件都開　個貫通孔，分別再用螺絲和螺帽鎖緊。兩種方式都需要做孔加工。

孔加工事例

若將孔加工再擴大分類，可分為鑽孔加工、沉頭孔加工、深沉頭孔加工、螺紋加工。以下依序介紹各種孔加工的特徵。

（1）鑽孔加工

是最基本的加工。由工件上方貫穿到下方的孔，稱做「貫通孔」或「通孔」；只鑽到一半的稱「盲孔」；以鑽頭加工的稱「鑽孔」（詳見第107頁）。至於孔的形狀，有筆直的「直孔」，和直徑逐漸改變大小的「錐孔」。錐孔是提供定位用的錐形銷插入使用。

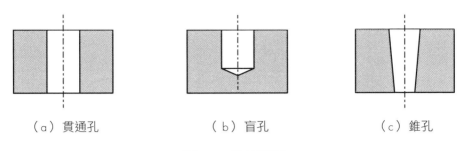

（a）貫通孔　　　　　（b）盲孔　　　　　（c）錐孔

圖 4.1　孔的種類

（2）沉頭孔加工

　　沉頭孔是以鑽頭鑽孔後，再加工出一個比鑽頭直徑再深約 1mm 左右的形狀，目的是使螺絲固定面能呈現光滑。例如將於第 6 章介紹的表面粗糙鑄造物，即使用螺絲固定，也會很快就鬆脫，此時便可加工一個沉頭孔，修整成平滑的表面。

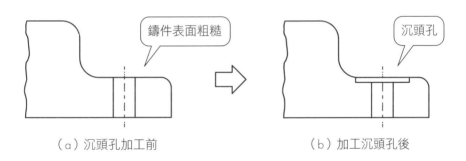

（a）沉頭孔加工前　　　　　　　　　　（b）加工沉頭孔後

圖 4.2　沉頭孔加工

（3）深沉頭孔加工

　　將（2）的沉頭孔再鑽深一點，即為「深沉頭孔」，這是為了讓螺絲頭部能沉入孔中。用內六角板手或螺絲起子鎖緊螺絲後，通常螺絲頭部會凸出於零件表面，若造成干擾，可藉由加工一個深沉頭孔，將螺絲頭部沉入孔中。此狀況通常會使用螺絲頭較大的「內六角孔螺栓」。

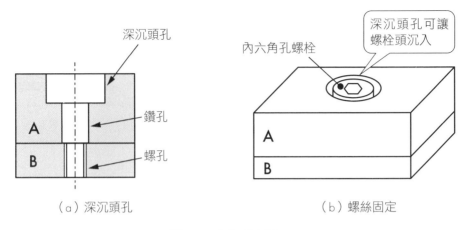

（a）深沉頭孔　　　　　　　　　　（b）螺絲固定

圖4.3　深沉頭孔加工

（4）螺紋加工

螺紋加工的順序，先以鑽頭做鑽孔加工，接著用攻牙器（絲攻）加工成螺旋狀的螺紋。名稱或許有點複雜，加工螺紋時鑽的孔，稱做「螺孔」；加工螺紋的過程，則稱做「攻螺紋」或「攻牙」。

螺紋有許多種類，最常使用的是以 M 記號來表示的「一般公制螺紋」，如M4。此外，還有配管接頭用的「管用錐形螺紋」。

（5）C 倒角加工

孔加工或螺紋加工時，兩面會起毛邊，此毛邊可藉 C 倒角加工去除。所謂 C 倒角，是將角切削成 45° 斜面。雖然有專門倒角用的工具，但也很常使用比鑽孔大的鑽頭來加工。

鑽床的種類和構造

可鑽孔加工的工具機

可鑽孔的工具機，有車床、銑床、中心加工機三種，最值得一提的就是車床。雖然加工精度差，但最大的特徵是低價、省空間，而且較容易入門操作。

鑽床的種類和構造

鑽床的種類，有桌上型鑽床、立式鑽床和臥式鑽床。桌上型鑽床與立式鑽床大致是相同構造。

桌上型鑽床最為普遍（圖 4.4 的 a），在上方的主軸部裝有馬達，藉由滑輪和皮帶使主軸運轉。滑輪為多段式，可手動更換皮帶，調整旋轉數。安裝於主軸的刀具，加工者可操縱把手，使之「上下移動」，此上下移動的速度即為刀具的「進給速度」，可由加工者的手感決定。

工件會固定在下方的床台，床台的構造是可調整「上下」和「旋轉」方向。加工方式是移動床台去對準刀具，確認位置後再固定床台。

另一方面，臥式鑽床是上方的主軸部本身可上下、旋轉、左右移動（同b圖）。也就是說，這種加工方式是固定工件，移動刀具對準後加工，因此適合加工重量大的工件。

<桌上型鑽床的特徵>
●刀具可旋轉‧上下移動
●工件固定不動

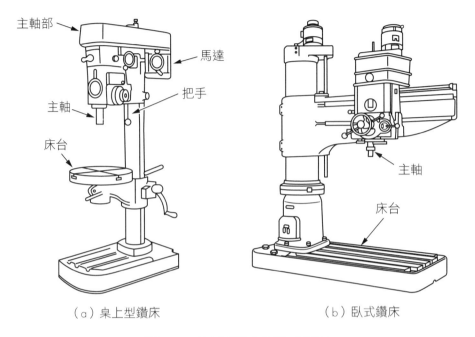

（a）桌上型鑽床　　　　　　　（b）臥式鑽床

圖4.4　桌上型鑽床與臥式鑽床

鑽孔加工原理和加工三要件

加工要件為「旋轉數」和「切削量」以及「進給速度」三種。鑽床的加工精度標準，直徑精度為「±0.1mm」、位置精度為「±0.3mm」，表面粗糙度則為平均粗糙度「～ Ra6.3（舊制符號為▽▽）」。

（1）工具旋轉數

鑽床也和車床、銑床相同，若刀具直徑變小，進給速度就變慢，因此需要提高旋轉數。

（2）刀具的切削量

切削量依鑽頭直徑而定，孔徑大時切削量也會變大，可從小鑽頭依序分次加工。

（3）刀具進給速度

一般進給速度的單位為 mm/分（1 分鐘的量），但桌上型鑽床的操作方式，是旋轉把手使刀具上下移動，所以只能憑手感，難將速度數值化。

＜鑽床孔加工三要件＞
1）旋轉數
2）切削量
3）進給速度

加工形狀	加工精度	表面粗度
孔	低 （～ ±0.1）	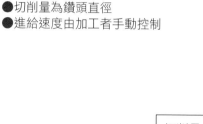 Ra6.3 （～▽▽）

●切削量為鑽頭直徑
●進給速度由加工者手動控制

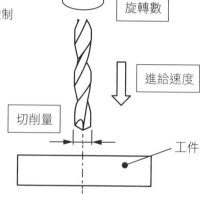

圖4.5　鑽孔加工的三要件

工件固定方法

（1）以虎鉗固定的方法

角柱形與圓形的工件，使用虎鉗（萬力）固定（第 3 章圖 3.4 的 a）。因鑽床時工件要配合刀具移動，通常虎鉗僅置於床台，不會固定。

鑽貫通孔時，為了不使刀尖傷到虎鉗，也會用前章銑床加工介紹的平行塊來墊高工件（同第 3 章 3.4 的 b 圖），並用木片或鋁之類的軟材料，墊在工件下面加工。

（2）以夾具固定的方法

因虎鉗無法固定大工件，會如同銑床的固定方法，使用夾具將工件直接固定於床台（第3章的圖3.5）。

（3）以 C 形萬力夾固定的方法

工件為板金（薄板）時，無法以虎鉗固定，因鉗口一夾緊，板金就會彎曲鬆脫，夾具也難以固定，故會使用 C 形萬力夾直接固定於床台上。C 形萬力夾為 C 形狀的萬力，一般稱做 C 形夾。

配合刀具位置，工件固定後的細微調整，是藉由旋轉床台來校正。

板金鑽孔可說是最危險的鑽床作業。雖然常有人認為工件薄較容易鑽孔，但實際上需要的回轉力道比想像中還大。若直接用手按住不用 C 形夾，旋轉板金時，因過薄反而會變成如刀剪般的兇器，導致嚴重傷害，故需以 C 形夾固定。

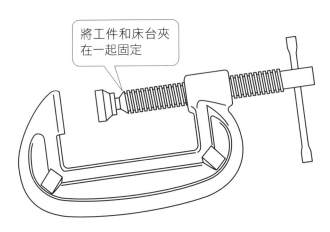

將工件和床台夾在一起固定

圖4.6　C形夾

鑽床使用的工具

鑽孔加工的鑽頭

（1）鑽頭的構造

　　鑽頭是由可固定於主軸部的刀柄、螺旋狀溝槽和刀刃三個部分所構成。為何需要螺旋狀溝槽呢？因為刀具所要求的機能，除了銳度，切屑的排出功能也要良好。銳度再怎麼好，若切屑無法順利排出，不僅加工效率會下降、切屑會損傷工件，刀具也會磨損。鑽頭的螺旋狀溝槽就是為排出切屑而設計，螺旋溝邊緣雖然銳利，但並非切刃用，而是為了要有導引效果。

　　前端的刀刃角度為 118°，材質是高速工具鋼（加工現場通常稱高速鋼）或超硬合金。

（a）直柄鑽頭（鑽頭直徑 13mm 以下）

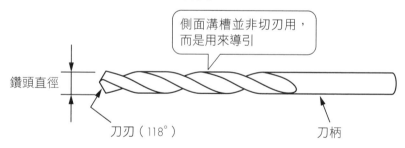

（b）錐柄鑽頭（鑽頭直徑 13mm 以上）

圖 4.7　鑽頭的種類和名稱

（2）直柄鑽頭和錐柄鑽頭

這邊所稱的直柄或錐柄，並非指刀刃的形狀，而是夾持住鑽頭的刀柄的形狀（圖4.7）。

ϕ13mm 以內的鑽頭，刀柄是筆直的；超過 ϕ13mm 的鑽頭，刀柄就會變成有錐度的錐柄。這是因為鑽頭直徑愈大，回轉力也愈大，固定鑽頭的夾爪會有滑動的可能，因此使用錐形刀柄，可防止滑動。

桌上型鑽床是用直柄鑽頭，ϕ13mm 以內皆可對應；超過 ϕ13mm 以上的鑽頭，會用立式鑽床或臥式鑽床加工。

基於上述原因，這就是為什麼一般鑽頭的最大直徑為 ϕ13mm。

決定鑽孔位置的中心孔鑽和中心衝

以鑽頭鑽孔時，需有誘導鑽頭前端用的小孔。試著將鑽頭整體放大來看，嚴格來說，最前端是沒有刀刃的，因此若沒有誘導用的小孔，鑽頭接觸工件時會瞬間晃動。

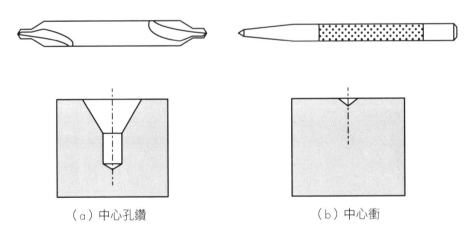

（a）中心孔鑽　　　　　　　（b）中心衝

圖4.8　中心孔鑽與中心衝

誘導用小孔有 兩種鑽法，一種是使用中心孔鑽來鑽孔（圖 4.8 的 a），另一種是使用中心衝（同 b 圖）。中心衝的前端是觸控筆形狀，經由槌子輕輕敲打，使工件產生凹陷。桌上型鑽床通常會使用中心衝。

提高孔精度的鉸刀

軸孔配合要使用 H7 公差的高精度孔加工時，或要求孔的內壁要光滑時，會使用鉸刀。先以鑽頭鑽孔後（稱做擴孔），再以鉸刀修整。鉸刀僅側面有刀刃，加工現場稱鉸刀加工為「鉸孔」。可裝置於鑽床上加工，也可裝在把手上，以手動方式加工。

此外要定位時，鉸孔也很便利。例如以螺絲固定的兩個零件同時鉸孔，接著插入定位銷，可防止零件位置偏移。即使因維修等原因而拆解，只要再插入定位銷，就可重現與上次相同的位置。市面上販售的鉸刀的刀刃形狀，有筆直形和錐形。材質與鑽頭一樣，使用高速工具鋼或超硬合金。

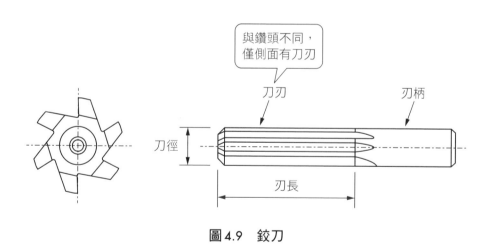

圖 4.9　鉸刀

加工沉頭孔的沉頭孔鑽頭

無論是沉頭孔或深沉頭孔的加工，使用的工具都是「沉頭孔鑽頭」；要將皿頭螺絲的頭部沉入孔中，則是使用「皿頭鑽頭」來加工。但不管何者，都必須先有鑽頭加工的程序。

加工現場常使用端銑刀取代沉頭孔鑽頭。市面上也有販賣可同時加工螺孔和沉頭孔的專用鑽頭，優點是可節省交換刀具的作業與時間。

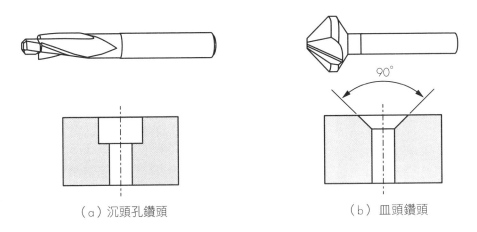

（a）沉頭孔鑽頭　　　　　　　　　（b）皿頭鑽頭

圖4.10　沉頭孔鑽頭與皿頭鑽頭

加工螺紋的攻牙器

攻牙器是用來加工出內螺紋的刀具。配合螺紋的內徑尺寸，以鑽頭鑽出螺孔後，再用手轉動固定於攻牙器板手上的攻牙器，將孔內壁加工出螺紋形狀。依前端倒角牙部數量的不同，分為第一攻、第二攻、第三攻，通常會從第一攻開始依序加工（圖4.11）。

攻牙器的前端部分稱為倒角牙部，加工盲孔時，螺孔需要鑽得深一些，對應的深度尺寸將於第114頁再介紹。

攻牙加工易造成切屑堆積，需稍做逆時鐘旋轉讓切屑排出。尤其是 M3 以下的螺紋加工，因切削反作用力的關係，攻牙器容易折斷，需特別留意。萬一折斷了，通常攻牙器的前端會斷裂在工件上，清除程序相當麻煩。此時會塗上潤滑油，並使用一字螺絲起子，插入攻牙器斷裂面的凹痕上，再邊用鎚子輕敲使之旋轉掉出。萬一運氣不好，攻牙器斷裂面上沒有凹痕，可另施行放電加工（會於第 7 章解說），進行鑽孔等繁雜的大工程。

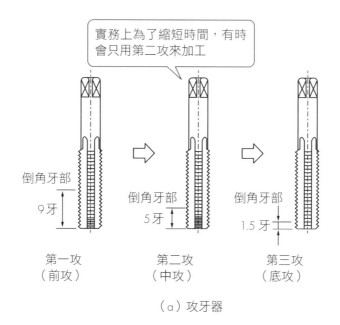

（a）攻牙器

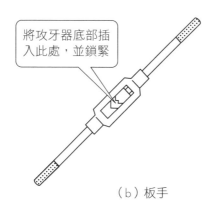

（b）板手

圖 4.11　攻牙器

用劃線來標記加工位置

鑽孔加工會先在工件表面劃十字，然後在交叉點加工。劃線工具有劃線針、劃線台和高度計。三者的前端都是尖的，使用的是高速鋼等不易磨耗的材質。

劃線針固定在尺規上，可畫出直線。劃線台的平台上立有一根支柱，裝著劃線針，可簡單地調整上下或其他角度，畫出與平台平行的線。若將劃線針替換成鉛筆，也可用於木工加工的劃線。高度計是測量工件高度的儀器，與劃線台相同，可劃水平線，第9章會再仔細介紹。

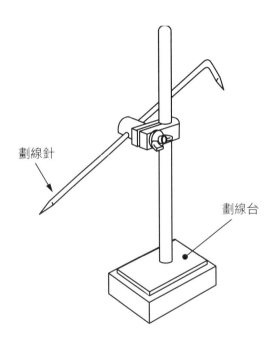

劃線針

劃線台

圖 4.12　劃線針與劃線台

圖面解讀

「鑽孔」表示用鑽頭鑽孔

　　圖面雖然會標示著形狀和尺寸等資訊，但使用何種工具，則由加工者自行決定。不過還是會有設計者在圖面指定刀具的特例，其中一種是以鑽頭加工的「鑽孔」。鑽孔的數值並非指孔徑，而是使用的鑽頭直徑，例如「鑽孔 5mm」，表示「直徑 5.0mm 的鑽頭鑽孔」（圖 4.13 的 a）。

　　因此，並不需要確保加工後的尺寸，因為依材料或加工條件，通常會比鑽頭直徑大上 0.1mm 左右。此種不以直徑符號 φ 表示，而以鑽孔標示的方式，通常用於不在意尺寸精度、或表面粗糙度變差也沒關係，但可以節省成本的加工，最常用於螺絲固定用的鑽孔。因桌上型鑽床的鑽頭最大直徑為 13mm，鑽孔 13 mm 為最大尺寸。

　　相對的，必須要求加工精度時，則會標示 φ 直徑符號（同 b 圖）。

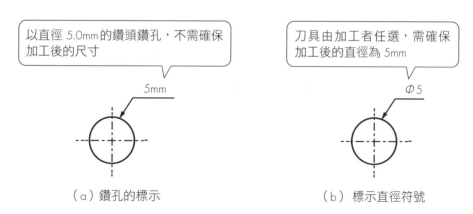

（a）鑽孔的標示　　　　　　　　　（b）標示直徑符號

圖 4.13　鑽孔標示與直徑符號 φ 的標示

鑽頭的前端為 118°

因鑽頭前端為118°，鑽盲孔時尖端形狀會轉印在工件上，圖面會概略畫成120°。另一方面，以銑床的端銑刀加工時，會將前端換成平面。

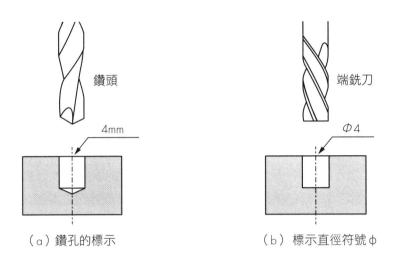

圖 4.14　盲孔的標示

孔深最多為直徑的 5 倍

孔加工時的深度若是過深，會有以下問題：

①鑽頭要用特殊規格長鑽頭。

②鑽頭歪斜難以筆直地鑽孔。

③鑽頭折斷的風險變高。

因此，孔深的基準為直徑 5 倍以下；5 倍以上時，若構造允許，可先用粗的鑽頭加工逃槽，以方便後續加工（圖 4.15）。

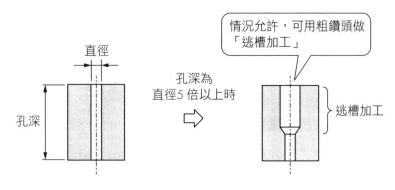

圖 4.15　孔的逃槽加工

鑽孔的位置精度要寬鬆

　　如同之前介紹的，鑽孔的加工步驟是先用中心衝在劃線的交叉點打出一個凹點，再以鑽頭鑽孔。因此，人工劃線若有偏差，凹點的位置就會偏移，會直接影響到鑽孔的位置精度。所以，從基準面算起的位置精度，或間距公差標準為 ±0.3mm，但較難規範比此標準還嚴格的公差。

　　要求位置精度時，可用 ϕ 標示，以銑床或中心加工機來加工。

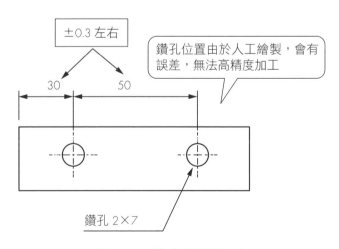

圖 4.16　鑽孔的間距精度

鑽孔或螺紋要在平面加工

應避免在斜面上鑽孔或螺紋加工。這是因為，若從斜面正上方沖孔，刀具前端會沿著斜面偏移。為避免此情形，常會先在斜面先沖出直角，接著再鑽孔。但是這樣一來，鑽頭沿著兩側高低不對稱的直角沖孔加工時，仍有受力不均的問題，而有所偏斜。

基於上述原因，應該要避開在斜面上加工。不得已時，也要先鑽孔再於斜面加工，但此方法孔會變深，會讓鑽頭有折斷風險，反而不利加工。

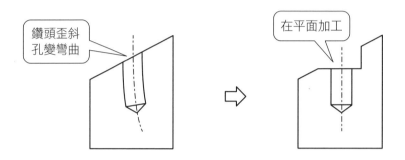

圖4.17　避免斜面上的加工

靠近側壁的鑽孔加工尺寸

鑽孔加工時，若孔的位置與側壁的尺寸（厚度）過窄，因窄側的加工阻力少，鑽頭容易彎曲，所以必須確保合理的尺寸。鑽頭加工以及如 H7 般的高精度孔加工時，最少需保留的尺寸標準整理如下（圖4.18）。

不得已低於此標準時，可先鑽孔加工後，再切削側壁。

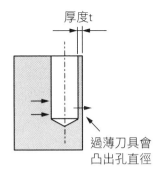

厚度t

過薄刀具會
凸出孔直徑

孔直徑	厚度 t（最小尺寸）	
	鑽孔	精密孔
5未滿	1	1.5
5以上　25未滿	1	2
25以上　50未滿	2	3
50以上	3	4

圖4.18　距離側壁的最小尺寸

軸孔配合公差是以孔為基準

軸孔配合的情況有二種，一種是軸比孔細的「餘隙配合」，另一種是軸比孔粗的「干涉配合」（又稱壓入配合）。精度嚴謹的軸孔配合公差，會標示「配合公差符號」，此時孔徑公差相同，軸徑公差會改變，例如：

餘隙配合：孔徑公差 H7、軸徑公差 g6 。

干涉配合：孔徑公差 H7、軸徑公差 r6 。

從加工方法來看便一目瞭然。孔徑因為用鉸刀加工修整，公差會受刀具精度影響。而軸是用車床加工切削而成，尺寸公差容易調整。此外，加工現場刀具種類最好盡量少，所以軸孔加工會統一以孔為基準。

插銷用的孔要貫穿

用插銷做干涉配合時，插銷孔以貫通孔最為理想（圖 4.19）。原因是插入插銷時，可排出孔中的空氣；另一原因是若需要拔出插銷，可用棒狀物從另一側插入，既不傷到插銷又容易取出。

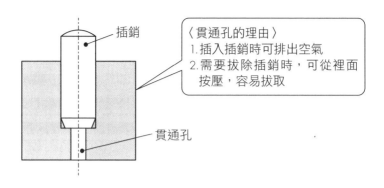

圖 4.19　插銷的貫通孔

軸孔配合的 R 角和 C 倒角之間的尺寸關係

在軸孔配合上，當軸上有階梯形狀時，由於階梯處帶有車刀前端的 R 角，所以孔的入口需加工比該 R 角半徑還大的 C 倒角。

也就是說，「軸的 R 角半徑尺寸<孔的 C 倒角尺寸」。

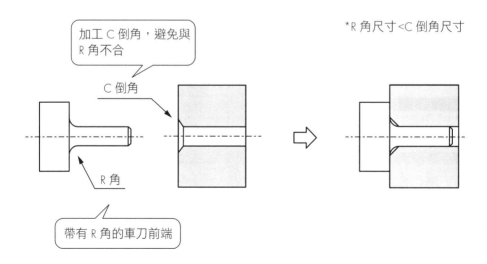

圖 4.20　軸孔配合的 R 角和 C 倒角的尺寸關係

選擇 M4 以上的螺紋尺寸

設計時盡可能避免用 M3 螺紋，這是因為攻牙器折斷的風險高，螺牙也容易崩壞。市售的螺栓材質為較硬的合金鋼，然而螺絲多為鋁或塑膠等軟性材料，重複裝卸的話，螺牙很容易損壞。為避免此類問題，可設計 M4 以上的螺紋，不得已要用 M3 時，可採用一種稱為埋入螺帽的螺紋形狀鋼鐵材的螺紋。

必要的螺紋深度

螺紋需要幾 mm 才合理？一個簡單的標準，可從螺帽厚度判斷。從市售的螺帽厚度尺寸表來看，可發現螺帽厚度大約與螺絲外徑一致。這也不失為一個判斷基準，即 M3 為 3mm 以上、M6 為 6mm 以上。

此外，不用施力的蓋板等零件，即使鑽到 4 個螺距也沒關係。

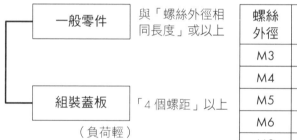

〈必要螺紋長度標準〉

（單位：mm）

螺絲外徑	螺距（粗螺紋）	市售螺帽厚度
M3	0.5	2.4
M4	0.7	3.2
M5	0.8	4
M6	1.0	5
M8	1.25	6.5
M10	1.5	8

圖 4.21　必要螺紋深度

深沉頭孔的參考尺寸

要將內六角孔螺栓埋入的沉頭孔直徑與深度，並不需要每次重新檢視，若能事先決定尺寸，對設計人員和現場人員來說都很方便。在此連同鑽孔的鑽頭外徑標準介紹如下（圖 4.22）：

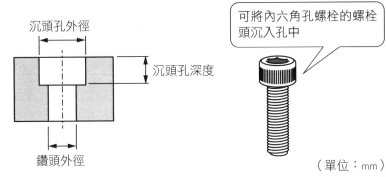

圖4.22　深沉頭孔的參考尺寸

螺絲外徑		M3	M4	M5	M6	M8	M10
鑽頭外徑		4	5	6	7	10	12
沉頭孔	外徑	6.5	8	9.5	11	15	18
	深度	3.5	4.5	5.5	6.5	8.5	11

螺絲孔的參考尺寸

　　加工螺紋時，鑽螺孔的鑽頭外徑和孔深標準如下。其深度必須比有效牙長還長，因攻牙器的前端為倒角牙，需預留此部分的長度。

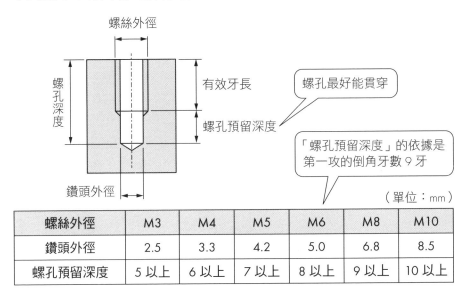

螺絲外徑	M3	M4	M5	M6	M8	M10
鑽頭外徑	2.5	3.3	4.2	5.0	6.8	8.5
螺孔預留深度	5 以上	6 以上	7 以上	8 以上	9 以上	10 以上

圖4.23　螺紋參考尺寸

第 5 章

利用砂輪
修整的研磨加工

精密切削的研磨加工

所謂研磨加工

大家在小學工藝課應該有使用過砂紙的經驗吧，用砂紙磨擦木片的粗糙表面，就可修整出觸感平整的表面。砂紙表面有無數的小凸點，具有類似刀刃的功能，切屑會變成細小粉末，輕輕一吹就會飄起。雖然無法切削出厚度，但卻是修整表面的最佳方法。

砂紙加工不穩定，且容易磨耗。所以加工現場是使用磨床等工具機，將砂輪高速旋轉做高效率加工，即為研磨加工。

研磨加工的特徵

將砂輪接觸工件就可削去不需要的地方，故研磨加工也算是切削加工的一種。因為是用極硬的磨粒慢慢地切削，所以有以下幾點特色：

①可修整出非常平滑的表面。

②可做高尺寸精度的修整。

③超硬合金或淬火過的工件也可修整。

④加工耗時。

因此，研磨加工通常用在車床加工、銑床加工，以及熱處理之後的精修加工。

粗磨與精磨

掌握研磨加工全貌後，將其概分成三大類會更易理解，即「一般研磨加工」、「高精度研磨加工」，以及不使用砂輪而是「磨粒狀態下的研磨加工」三種。

一般研磨加工，是用磨床將砂輪做高速旋轉來進行切削。而高精度研磨加工，分成「搪磨」和「超級精磨」。使用磨粒的研磨加工，稱做「普通研磨」，分「滾筒拋光」、「拋光」以及「研光」。

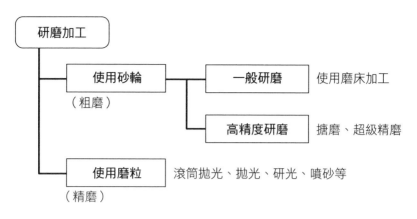

圖5.1　研磨加工的大分類

研磨加工的原理

切削加工和研磨加工的比較如圖 5.2。刀具的「斜角」在切削加工和研磨加工的方向是相反的，研磨加工會產生極大的摩擦，可藉磨粒的銳角在高速運轉下將其削除。

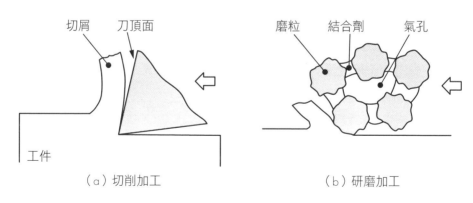

（a）切削加工　　　　　（b）研磨加工

圖5.2　切削加工與研磨加工之比較

車刀或端銑刀的刀刃若有磨耗，會變得無法切削。磨粒若磨耗難以切削時，會因反作用力的關係自然脫落，露出內側的磨粒，形成新的刀刃繼續加工，是其一大特徵，此現象稱為「刀刃的自生作用」。

研磨加工的種類

一般研磨分成「平面研磨」、「圓筒研磨」、「內圓研磨」三種。平面研磨可將工件加工成平坦狀，圓筒研磨可加工圓柱狀工件外圍，而內圓磨床則是修整孔的內壁。

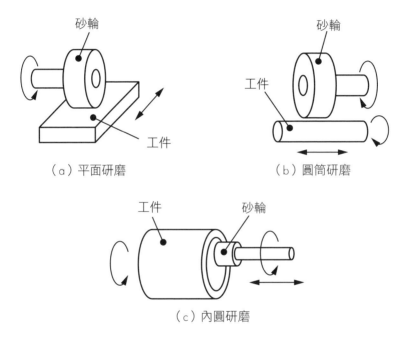

（a）平面研磨　　　　　　　（b）圓筒研磨

（c）內圓研磨

圖5.3　研磨加工的種類

平面磨床的種類和構造

平面磨床為加工平面的工具機，有以砂輪圓周面加工的臥式平面磨床（圖5.4的a和c），和以砂輪平面處加工的立式平面磨床（同b圖）。

臥式平面磨床是由上方的主軸部及下方的床台構成，主軸的砂輪可「旋轉」和「上下作動」，固定工件的平台是可「前後、左右」移動的構造。

不管是「上下作動」還是「前後、左右移動」，皆可自行運轉。加工形狀則不限完整平面，階梯狀也可加工。

　　立式平面磨床是主軸為垂直方向的構造，使用砂輪的平面處研磨工件的整個平面，因接觸面積大、加工效率佳，適用大量生產。

<平面磨床的加工特徵>
●旋轉刀具、上下移動
●工件前後、左右移動

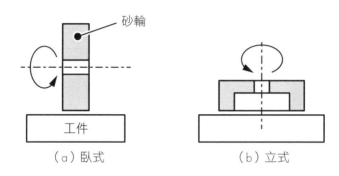

砂輪

工件

（a）臥式

（b）立式

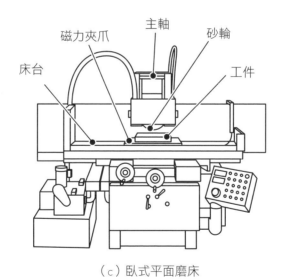

磁力夾爪　　主軸　　砂輪

床台

工件

（c）臥式平面磨床

圖5.4　臥式平面磨床之構造

平面磨床上固定工件的方法

（1）以磁力夾爪固定

　　磁力夾爪是藉磁力固定工件的構造（圖 5.4 的 c）。與虎鉗（萬力）一樣，不使用機械的力量，可防止工件變形，適合高精度加工。其磁力有永久磁石型，以及電磁石型。因為是利用磁力，工件只能是磁性體。

（2）以虎鉗固定

　　非磁性的鋁或銅等材料，無法用磁力夾爪，只能使用銑床或鑽床常用的虎鉗來固定（參見第 3 章的圖 3.4）。

圓筒磨床的構造與工件固定

　　加工圓柱形外圍的圓筒磨床，其構造與車床相似（圖 5.5 的 a），夾爪夾持工件左側，右側以頂心支撐，將砂輪接觸旋轉的工件來加工。此外，也可用砂輪側面接觸工件來加工端面，或將砂輪傾斜或使用錐形砂輪做錐度加工。

　　固定工件的方式與車床相同，可用三爪夾頭，直徑小的工件可使用筒夾夾頭。 另一個方法是，左端面也用頂心支撐，並藉由稱做牽轉具的旋轉工具，使工件旋轉。圓筒磨床的加工精度要求比車床高，為防止工件偏移，通常會用尾座支撐右端面。

無心磨床的構造與工件固定

　　研磨細針或管狀物的外緣時，很難固定兩端，此時可使用無心磨床，又稱無心輪磨。工件不用固定，藉砂輪、調整輪、和承板的支撐，研磨工件外圍（圖 5.5 的 b）。

　　其特徵如下：

①工件不需鑽中心孔。

②工件裝卸簡單，作業方便。

③可支撐整個工件，也可輕易加工細長形工件。

④操作簡單。

⑤但是，難以加工階梯形工件。

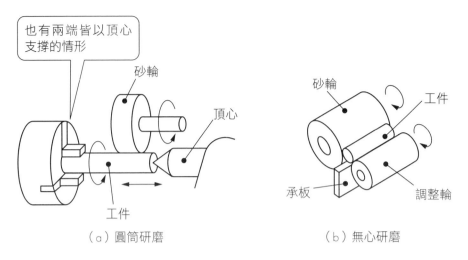

（a）圓筒研磨　　　　　　　　　　　（b）無心研磨

圖 5.5　圓筒研磨和無心研磨

內圓磨床的構造與工件固定

　　內圓磨床是用來修整孔的內壁，分為工件和砂輪各自轉動的「普通型」，以及工件過大難以旋轉時，固定工件且砂輪自轉和公轉的「行星型」。也可藉由改變砂輪的形狀，加工錐形孔或有階梯形狀的孔。

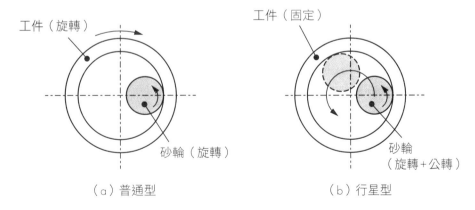

（a）普通型　　　　　　　　　　　（b）行星型

圖 5.6　內圓研磨

121

研磨砂輪的種類

依照用途，市面上售有各式各樣形狀的砂輪。

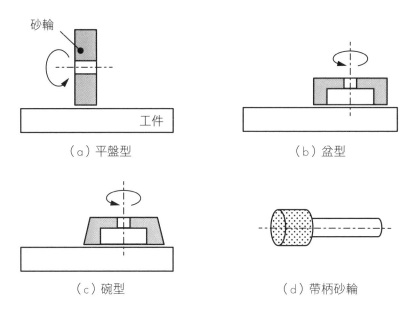

（a）平盤型   （b）盆型

（c）碗型   （d）帶柄砂輪

圖5.7　砂輪種類

研磨砂輪的構造

研磨用的砂輪是由「磨粒」、「結合劑」及「氣孔」構成（圖 5.2 的 b）。磨粒的銳角如同刀刃，結合劑用來黏合磨粒，而氣孔為磨粒和結合劑之間的空隙，有助於切屑排出，同時有抑制發熱的作用。

做為刀刃的磨粒材質，通常使用的素材是氧化鋁或碳化矽。氧化鋁以精細陶瓷為代表，是硬度、耐熱性以及化學性穩定性都極佳的材料。

磨粒的大小以「粒度」標示，表示篩選磨粒時，篩網上每英寸長度內的篩孔數。例如粒度 30 號，表示該磨粒可通過每英吋內有 30 孔的篩網，但無法通過篩孔再多 1 個數值的篩網。也就是說，粒度的數值愈小磨粒愈粗，數值愈大磨粒愈細。磨粒的硬度，並非指磨粒或結合劑各自的硬度，而是指砂輪整體硬度，稱之為「結合度」。JIS 規格以 A 至 Z 的 26 個字母分階，A 最軟，Z 最硬。

此外，每單位面積的磨粒數，稱做「組織」。JIS 規格是以 1 至 14 表示，0 最密，有許多小氣孔；14 最粗，氣孔粗大。

因此，可依工件的材質或形狀，以及要求的成品精度等級，選擇合適的砂輪。

研磨加工的課題

研磨加工有四個課題，分別介紹如下：

（1）磨粒脫落

指磨粒數量嚴重脫落的現象。常於結合度軟或是研磨條件嚴酷時發生，因過度脫落，導致產品惡化，砂輪的磨耗加劇，成本升高。

（2）磨粒模糊

指磨粒的刀刃雖有磨耗，但未脫落，以鈍化的狀態進行研磨。銳度惡化將形成高溫，會產生研磨燒傷。以研磨條件來說，結合度過硬時常會發生此種情形。

（3）磨粒阻塞

指研磨鋁或銅這類軟性材料時，切屑會阻塞氣孔，導致磨粒的刀刃被埋藏，無法加工的現象。

當發生磨粒模糊或磨粒阻塞時，會使用一種前端是鑽石、稱做「鑽石修整器」的圓錐形工具，切削砂輪的表面，便可再利用。

（4）研磨燒傷

研磨加工因容易發熱，加工面氧化會引起變色，稱為研磨燒傷。因為會產生降低耐磨耗性等影響，可從研磨條件去防止。

磨床的加工條件

與前面各章介紹的各種加工法的加工條件，原則相同。分別為①工具（砂輪）的旋轉數、②工件的進給速度、③工具的切削量。①的旋轉數由砂輪的周轉速度決定，③的切削量，粗磨是 0.01 至 0.03mm 左右，精磨則是 0.005mm 等級。

圖面解讀（研磨加工的圖面標示）

圖面上標示加工法有兩個特例，一個是「鑽孔」（參見第107頁），另一個是「研磨加工的指示」。表面粗糙度記號標示「G」或「研磨」時，表示需使用研磨加工，並加工出指定的表面粗糙度。

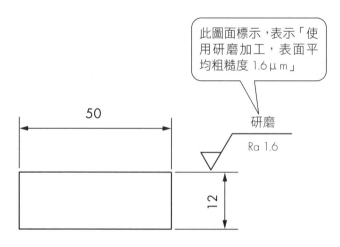

圖5.8　研磨加工的圖面標示

高精度的研削加工和研磨

以砂輪加工的精磨

（1）研磨內壁的搪磨

　　比前面介紹的內圓研磨精度更高的精修加工，稱為「搪磨」，是在鉸刀加工或內圓研磨之後進行。用於汽缸的內壁或高精度齒輪孔的精磨加工，其表面粗糙度的精磨程度，可達平均粗糙度 Ra0.1 至 0.4 μm 等級。

　　將彈簧之類（有擴張性的）工具伸入孔內，使裝有砂條的砥石可對孔內面方向加壓，做旋轉及往復運動，所加工的內面會形成網格狀的細線（網狀交叉紋路）。經過搪磨加工後的可滑動零件，其網格狀的細線滲入潤滑劑時，可達降低摩擦、耐磨耗的效果。此外，為了去除磨粒或切屑，以及冷卻效果，會使用大量的切削油劑。

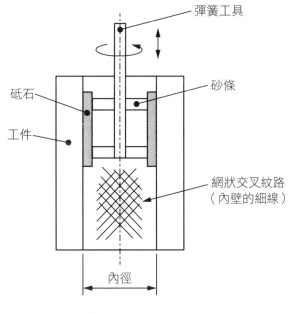

圖 5.9　搪磨

（2）研磨圓柱狀外圍的超級精磨

要加工出比圓筒加工更平滑的表面或鏡面時，會進行「超級精磨」。其加工目的，並非要求尺寸精度，而是要提高表面粗糙度。程序是做完圓筒加工後，再做超級精磨。

雖與搪磨相同，是用砂輪研磨，不同之處在於，砂輪移動時會施予極小的振動，此振動可促進「刀刃的自生作用」，可在短時間內做高效率的加工。工具機裡的車床會裝上超級精磨裝置，使用專門的超級精磨床。

以磨粒加工的精磨

磨粒未黏結，直接以顆粒狀態加工，稱之為研磨。

（1）滾筒拋光

將磨粒和工件一起投入稱做滾筒的旋轉研磨槽，去除工件表面的凸粒（圖 5.10 的 a），優點是可以一次大量加工，即使形狀複雜，也可較均勻地研磨，不用依賴作業者的加工嫻熟度。因此，從加工後的去毛邊以及鏡面精修，都有廣泛應用。

（2）拋光

藉由將塗有拋光研磨劑的圓盤狀布輪，高速旋轉接觸工件，精磨至發出光澤（同 b 圖）。與堅硬的砂輪不同，用柔軟的布輪來研磨，可精磨到閃閃發亮的程度。改變布輪或研磨劑的種類，研磨程度也會改變。首飾類的裝飾品或配件零件，多數會用小型磨床手工研磨，除此之外的物品，則是使用自動研磨機。

（3）研光

研光是將工件夾入稱做磨盤的平台上，注入混有磨粒和油的研光劑，再施加壓力，使雙方做相對運動的加工，此工具機稱研光機（同 c 圖）。藉磨粒的微量切削，可加工出高精度的光滑面，塊規、軸承裡的滾珠和鏡片等，都是用研光方式來精磨。

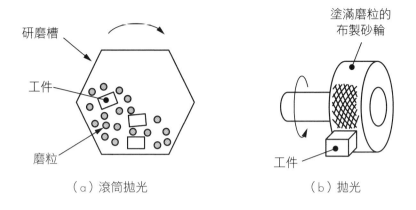

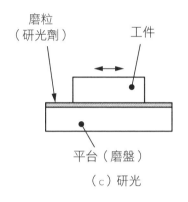

圖5.10　精磨的種類

（4）噴砂

　　噴砂是將細砂等研磨劑，以壓縮空氣高速噴出，藉此切削工件表面的加工法。英文是 sandblast，其中的 sand 是指砂，blast 為暴風之意。可用於去毛邊或除鏽、剝漆等，玻璃工藝或墓碑刻字也是噴砂產物。此外，不使用砂粒而使用金屬粒的加工，稱做「珠粒噴擊」。然而現在使用金屬粒的情形普遍，珠粒狀擊和噴砂，被當成相同意思使用。

　　另外，撞擊鋼珠會產生所謂的加工硬化，工件表面會發生變硬的現象。活用此特性，以期提高耐磨耗性或疲勞強度的加工法，稱做珠擊法。

製作平面基準的鏟花加工

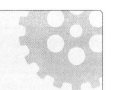

所謂鏟花加工

接近完全的平面，是加工或組裝的基準。無論是平面度或表面粗糙度，都須達到最高等級。平台或是工具機的基準面、滑動面，皆須符合該水準。

所謂完全的平面，是如何製作出來的？目前為止介紹的研磨加工，即使等級已達到 μm 程度，也有極限，如果要達成更高等級的精磨，就需「鏟花加工」。這是一種依靠加工者熟練度的手工作業，也就是說，仰賴人類之手、超越機械加工精度的加工法。

鏟花加工的方法

將工件表面塗上一層薄薄的稱做鉛丹的橘色塗料，再與平台或做為基準的治具互相摩擦。如此一來，凸點處的塗料會脫落露出金屬表面，凹點處會有橘色塗料殘留，接著再使用稱做鏟花刀的鑿子狀工具削除 1 至 3 μm，削除後再塗以鉛丹確認，如此一直重複，直到橘色塗料均勻地殘留在工件全體表面。

觀看完工面，其表面會呈現鱗片紋路，1 平方英吋（約 25mm）內的鱗片數，數目愈多，接觸面也愈多，表面也愈精密。刀具的刀刃或施力方法，以及刀具的軌跡，都會因加工者而有所不同，此差異也會顯現在鱗片紋路上，因此一看就知道加工者是誰。

鏟花的潤滑效果

表面鱗片紋路的深度約在 1 至 2 μm 左右，在鱗片紋路的凹陷處注入潤滑油，可使滑動面順暢滑動，有效解決磨耗問題。

製作真平面的三面磨合

　　真平面，是以所謂「三面磨合」的方法製作。將 A 和 B 兩塊平板施以鏟花加工，若兩塊的彎曲程度完全吻合，即使鉛丹均勻佈滿，也無法確保是平面，此時加上第三塊平板 C 便可解決問題。A 與 B 對齊摩擦後，B 再和 C 摩擦，接著 C 再與 A 摩擦，如此重複循環幾次後，A、B、C 三塊都可成為完全的平面。

　　此方法的特徵是，完全不需要刀具或量具，研磨菜刀用的砥石平面，也是使用三面磨合製作出來的。

（a）加工前的狀態（箭頭方向表示要做平面）

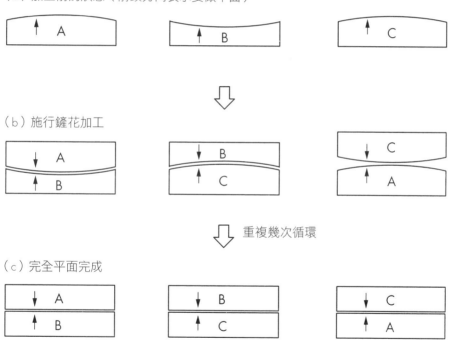

（b）施行鏟花加工

重複幾次循環

（c）完全平面完成

圖 5.11　　三面磨合的方法

充 電 站

探索工具機的歷史

　　工具機又稱母機，亦即機械之母。世界上生產物品的機械，其零件都是由母機製作出來的。在眾多工具機之中，車床的歷史可說是最久遠，據說西元 1500 年左右李奧納多‧達文西（leonardo da Vinci）的手稿中就繪有車床，500 年前就能想出這種機械構造，真讓人印象深刻。

　　當時的車床是靠人工作業，藉由拉動圈繞在工件上的繩索，使工件運轉。隨著時代演進，動力從水車變為蒸汽機，再演變為電動馬達。

　　回顧日本昭和初期，每台工具機並沒有個別安裝馬達，運轉方式是藉由放置於工廠的一台大型馬達，透過皮帶，將動力傳導到設置於天花板的旋轉軸，此旋轉軸再透過皮帶，使各個工具機運轉，也就是說每台工具機，都會連接天花板上的旋轉軸和皮帶。

　　此工廠全體樣貌的微型模型，展示於東京大田區立鄉土博物館。雖說是微型，但製作相當精緻，將當時的場景栩栩如生呈現。此外，位於東京九段下的昭和館，有展示昭和 20 年所使用的車床實體，雖是 70 年以上的物品，但外觀與現在的泛用車床相較，幾乎沒什麼改變，很是令人驚訝，若有興趣，可前往觀賞。

第 **6** 章

使用模具塑形的
成形加工

使用模具沖壓的板金加工

施力於薄版使之變形

在材料上施力時，雖然會瞬間變形，但去除外力後，就回復到原本的形狀，此情形稱為彈性變形。不過，若是超過一定的力量，不管如何去除外力，也不會回復原狀，稱做塑性變形。板金加工就是利用塑性變形特性的加工法。通常使用沖床機來進行板金加工，故又稱沖床加工。

板金加工的種類與加工事例

板金加工可分成以下四大分類：

（1）分離用的「沖剪加工」

被夾在如同剪刀般的兩個刀刃間的切斷加工，稱做「沖剪加工」。其中用模具沖壓的加工稱做「沖床加工」，沖壓的形狀，有圓形或四方形等各式各樣的形狀。

（2）彎曲成 L 形、U 形或 Z 形的「彎曲加工」

即彎曲板金的加工，可彎曲成 L 形，甚至可變形成 U 形或 Z 形。

（3）成杯狀形的「深抽加工」

將平面形狀的板金，變形成杯子等容器形狀的加工法，一片板金可變成立體形狀。

（4）於板金加工螺紋的「抽牙加工」

想在板金上加工螺紋，通常會因為材料過薄，而無法確保螺絲長度。此時可先用中心衝沖孔，孔的圓周會凹陷下去，板金厚度呈假性增加的狀態，在此凹陷部位加工螺紋，便稱為抽牙加工。

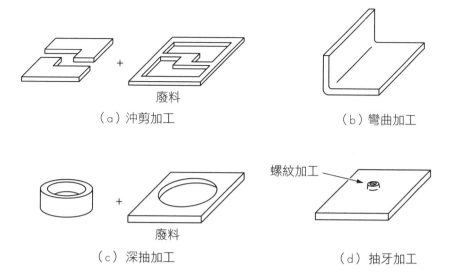

（a）沖剪加工　　廢料

（b）彎曲加工

（c）深抽加工　　廢料

螺紋加工

（d）抽牙加工

圖6.1　板金加工事例

工具名稱

　　板金加工的工具，公模稱「凸模」、母模稱「凹模」，此凸模和凹模精密嵌合時，可安裝入模座，以手動或沖床機，使之上下作動進行加工。

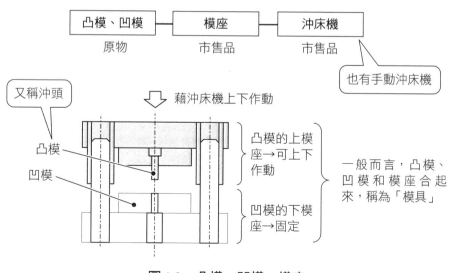

凸模、凹模　模座　沖床機

原物　　市售品　　市售品

也有手動沖床機

又稱沖頭

藉沖床機上下作動

凸模

凹模

凸模的上模座→可上下作動

凹模的下模座→固定

一般而言，凸模、凹模和模座合起來，稱為「模具」

圖6.2　凸模、凹模、模座

所謂沖剪加工

以下依序來介紹沖剪發生的過程。

①凸模下降,凸模和凹模的刀刃咬住板金。

②刀刃附近急速延展,超過延展極限,兩邊出現裂縫。

③產生裂縫,沖剪結束

沖剪加工一定會產生「塌角」和「毛邊」,可於加工後的去毛邊工序再去除。去毛邊的程序,會於第 9 章解說。

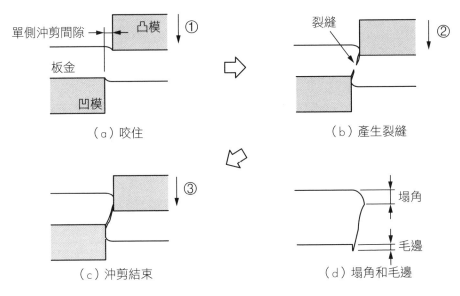

圖6.3　沖剪加工

凹凸模的沖剪間隙

凸模和凹模間的間隙,稱為沖剪間隙(圖 6.3 的 a)。依沖剪間隙的大小,沖剪力的大小或毛邊大小、沖剪面的粗糙度、凹凸模的磨損程度,都會跟著改變。沖剪間隙的表示方法,分為「雙邊間隙」與「單邊間隙」兩種。例如凸模直徑為 $\phi 9.9\text{mm}$、凹模孔徑為 $\phi 10.\text{mm}$ 時,兩側的沖剪間隙為 0.1mm,單邊的沖剪間隙為一半,變成 0.05mm。

沖剪間隙會依板材厚度等比例變大，一般為單邊間隙，即板材厚度的5至10%，軟材料會取較小比例，硬材料則取較大比例。例如板材厚度2.0mm，單邊間隙取 5%，2.0mm x 0.05=0.1mm，此為單邊間隙。

此外，沖剪到一半即停止，使其呈凸起形狀，稱為「打凸」加工。此打凸的凸起處，可和有圓孔的零件做定位使用。打凸的沖剪間隙，可設定與凹凸模的孔徑間隙相同或稍大。

所謂彎曲加工

彎曲平坦的板材，會產生內側壓縮、外側延展的情形（圖 6.4 的 a）。此壓縮與延展的邊界，也就是既未壓縮也未延展的面，稱為中立面。彎曲時和中立面相較，因外側較薄內側較厚，彎曲和緩時，中立面相當於板厚的中間位置；彎曲嚴重時，中立面會較靠內側。因此，計算表示彎曲前尺寸的「展開長」，需考慮到中立面。

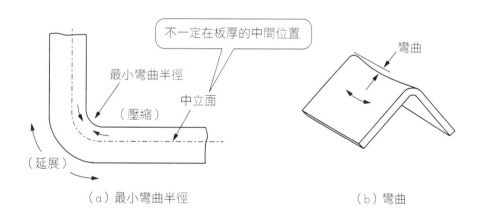

不一定在板厚的中間位置

最小彎曲半徑

中立面

（壓縮）

（延展）

彎曲

（a）最小彎曲半徑

（b）彎曲

圖6.4　彎曲加工

嚴重彎曲時，外側的延展會達到臨界而產生裂縫，不產生裂縫的極限，稱為最小彎曲半徑，指的是彎曲內面的半徑，因材質而有所不同。一個判斷標準是，大約與板厚的尺寸相同，例如板厚為1mm，最小彎曲半徑也是1mm。不允許有最小彎曲半徑時，則不用板金加工，而是使用第3章介紹的銑床加工。

如果加工時背部發生彎曲，會產生像馬鞍一樣的形狀（同b圖）。

變形稍微回復的回彈

移除彎曲的外力，會產生一點點彈性回復，稱為「回彈」。材料愈硬，回彈角度愈大；板厚愈薄，回彈也會變大。

若比原本要加工的彎曲角度還要彎，可藉置入 V 形切口，抑制回彈的影響。 因為難以計算回彈量，實際加工時，可邊調整邊進行彎曲加工。

所謂深抽加工

將平坦的板金變形成容器形狀的深抽加工，從家電製品到自行車零件，都有廣泛應用。像是常見的啤酒罐，就是以深抽加工製作而成。

因為要延展材料，所以會使用柔軟的材料。鋼鐵材料是選用冷軋薄鋼板SPCD 或 SPCE，或者用鋁材或黃銅。

深抽加工有使用鐵鎚的人工捶打方式，或是以凹凸模成形的方法。此外，也有邊旋轉圓形板金，邊以稱做桿棒的工具按壓使之變形，此工法稱為「變薄旋壓」或「旋壓加工」，加工者需有高超的技巧。

抽牙和壓鉚螺帽

　　板金需要加工螺紋時，通常會因為過薄而無法確保螺絲長度，其中一個解決方法是「抽牙加工」（圖 6.5 的 a）。如同第 4 章的圖 4.21 所介紹的，一般所使用的螺絲長度，需要等同外徑長度以上；不使用蓋板等外力時，需在 4 個螺距以上。因此，板金鑽孔之後，需再以抽牙沖頭沖壓，將孔擴大並延伸成凹狀，然後在凹陷的壁面上，以攻牙器攻牙，以確保螺絲長度。

　　但延伸材料的同時，肉厚變薄，有鎖固用途的螺紋可靠度降低。此問題可用其他方法解決，例如，使用熔接螺帽（第 7 章的圖 7.10 的 c），或壓鉚螺帽解決（圖 6.5 的 b）。

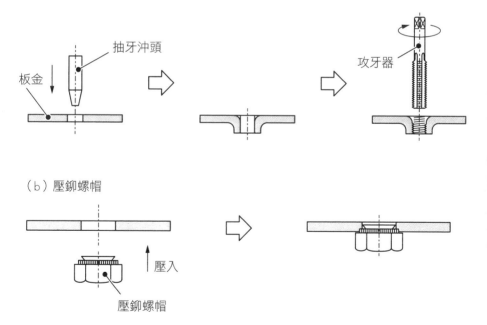

（a）抽牙加工

抽牙沖頭

板金

攻牙器

（b）壓鉚螺帽

壓入

壓鉚螺帽

圖 6.5　抽牙加工和壓鉚螺帽

沖床機的種類

要讓成組的凹凸模模具上下作動，可進行沖孔加工、彎曲加工或是深抽加工。以下介紹使模具上下作動的方法。

（1）手壓沖床與偏心式沖床

加工現場廣泛使用的方法，有將拉桿下壓使主軸頭上下作動的手壓沖床，以及藉由轉動轉盤來上下作動的偏心式沖床（圖 6.6 的 a）。模座的上部固定於主軸頭，凸模直接固定在主軸頭上使用。

（2）自動沖床機

將馬達的旋轉運動藉由曲柄，變成上下來回運動的構造[1]，相較於利用水壓或油壓的沖床機，此構造簡潔、且可高速運轉，同時維修也簡單。

（3）數控伺服沖床

使用伺服馬達做為驅動源，模具上下作動的速度或停止位置，都可輕鬆微調。是在提升加工精度、延長凹凸模壽命或降低噪音上，都能發揮效果的沖床機。

（4）數控轉塔沖床（轉塔沖床）

大多數的模具都能安裝於數控轉塔沖床，這個機器的運作方式，是藉由程式設定，邊移動平台，邊將板材沖壓加工。簡稱「轉塔沖床」

其工具有圓形、四角形、長方形或橢圓形等多種，尺寸應有盡有。沖壓的形狀沒有限制，是各種形狀都能通用的泛用工具。藉由工具自動交換的功能，可提升加工效率。

彎曲加工機

彎曲加工使用沖壓彎曲機，又稱為「彎曲機」。先固定帶有 V 溝的凹模，再將凸模頭由上而下壓入，彎曲成指定的形狀。

此外，中空的管狀物若以一般方式彎曲，會導致變形，通常會使用「彎管機」加工。手工方式彎曲時，會用乾燥的砂石填滿中空處，再以一邊加熱一邊彎曲等技術來加工。

註1：透過曲柄和連桿搭配，可把旋轉運動轉為直線運動，或將直線運動轉為旋轉運動。自行車裡的傳動零件其中之一，便是曲柄。

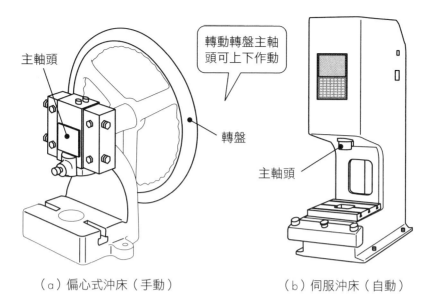

主軸頭

轉動轉盤主軸頭可上下作動

轉盤

主軸頭

（a）偏心式沖床（手動）　　　　　（b）伺服沖床（自動）

圖6.6　偏心式沖床與伺服沖床

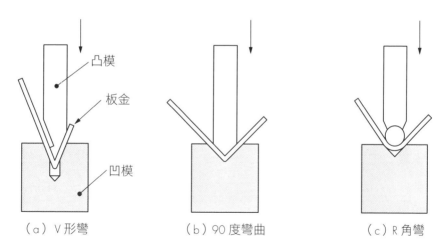

凸模

板金

凹模

（a）V形彎　　　　　（b）90度彎曲　　　　　（c）R角彎

圖6.7　以彎曲機做彎曲加工

生產線類型

（1）單工程模

指以單一模具進行同一種類的加工（圖 6.8 的 a）。因為都是直接用手將材料放入與取出，1 人只能操作 1 台，又稱單機操作。

（2）連續模

單一模具內有數種凸模與凹模，以等距離方式配置，自動輸送輪圈形狀的材料（同圖 b）。一開始鑽輸送孔、必要的拔除、彎曲或擠壓等程序，到最後切除成品，即完成加工。1 台就可對應數種工序，加工迅速，適用大量生產。

另一方面，從材料使用率來看，因為輸送孔的空間、以及需要等距離配置的關係，會產生不少不必要的空間，故使用率不佳。

（3）連線工程模

將上述的單工程模與連續模，集結在同一台機器加工（同下圖 c）。與連續模的差別是，一開始就會沖壓切除，藉模具內的傳送裝置輸送。特徵是材料使用率高，但加工速度較連續模差。

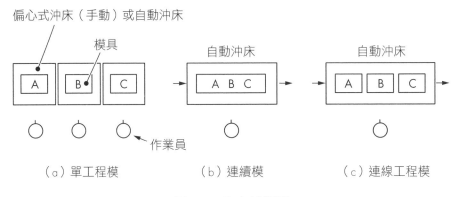

圖6.8　生產線類型

圖面解讀（最小彎曲半徑）

　　彎曲板金一定會有彎曲半徑，此時最小的彎曲半徑，以板厚為基準（圖 6.9 的 a）。例如板厚 2mm，最小彎曲半徑 R 就是 2mm，軟材類的鋁或銅可比此基準再小一點。此外，為了放寬加工容許範圍，建議可如同標示「R2 以下」般，將標準值加上「以下」兩字。

圖面解讀（彎曲產生的膨脹量）

　　彎曲加工時，因內側被壓縮，壓縮處會往側面方向膨脹（圖 6.9 的 b）。例如，組裝感應器或膨脹閥這類零件，需要用到大量板金，將板金並排組裝時，其空隙就需考慮此膨脹量。

　　膨脹量雖因材質或彎曲半徑而有所差異，每件建議可用板厚的15%為基準。例如要並排 2 個彎曲的2.3mm板金時，就需要 2.3mm×15%×2 ≒ 0.7mm以上的空隙。

最小彎曲半徑≒板厚
例）板厚 2.0mm ≒ 半徑 R2.0mm

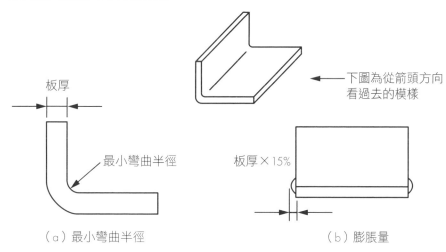

（a）最小彎曲半徑　　　　　　　　　（b）膨脹量

圖6.9　最小彎曲半徑與膨脹量

圖面解讀（板金外形公差標示）

板金做為各種蓋板或零件組裝板使用時，一般不會要求尺寸精度。因此，標示的公差會比期望值稍微寬鬆，讓加工者不用特別留意。

例如長度 400mm 的蓋板，一般公差會標示 ±0.5mm，但是板金的裁切是使用「剪切機」（第 9 章會介紹），±0.5mm 屬較難加工的等級。因此，不要求外形公差的精度，以 ±1mm 或 ±2mm 這樣的容許範圍，做較大的公差標示（圖 6.10 的 a）。

圖面解讀（抽牙加工的圖面標示）

抽牙加工的標示，需標上「螺絲尺寸」與「抽牙加工的方向」兩項資訊。圖面上抽牙加工方向的標示，要讓人一看就懂，範例如下方 6.10 的 b 圖，不需要標示抽牙處的厚度。

（a）板金的外形公差標示

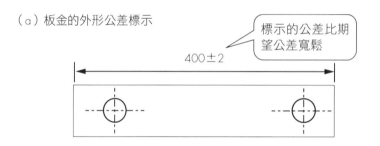

標示的公差比期望公差寬鬆

400±2

（b）抽牙加工的標示

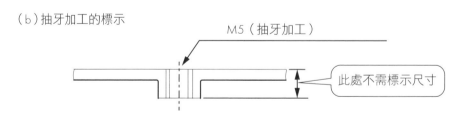

M5（抽牙加工）

此處不需標示尺寸

圖6.10 板金的圖面標示範例

熔化而造的鑄造

鑄造的特徵

　　鑄造是將熔化的金屬注入所需的成品形狀模穴，冷卻之後即完成。複雜的形狀也能一次成型，不浪費材料、加工效率佳是其特徵。人孔蓋就是用鑄造加工製作而成，若是和切削加工的方法比較，即可明顯瞭解鑄造的優勢。

　　另一方面，因加工精度較差，針對要求尺寸精度或光滑表面的部位，可於鑄造後再以切削加工的方式修整。

鑄造的種類

　　以砂製作鑄模的鑄造法，稱做「砂模鑄造法」，而「殼模鑄造法」和「脫蠟鑄造法」，是更精密的鑄造法，尺寸精度高、成品表面也精緻。此外，使用金屬鑄模的鑄造法，稱做「壓鑄法」。

　　以壓鑄法做出的模具，可多次重複使用。而以其他鑄造法做出的鑄模，因為要取出成品的關係，每次都需要破壞模具。但不管是哪種鑄造法，可做出成品模穴的模型，都可重複使用。

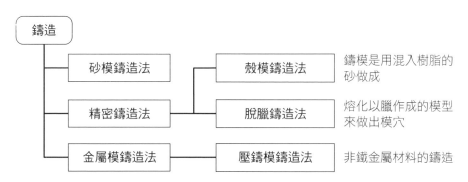

圖 6.11　鑄造法的種類

鑄造所使用的金屬材料

並非所有鋼鐵材都可用來鑄造，一般是用鑄鐵（FC 或 FCD）。除了含碳量多、堅硬耐磨耗之外，吸震性也很好，可用於製作工具機的床台或是機器支架。其熔點較一般碳素鋼低，擁有適合鑄造的特質。另外，鋁合金和砂模用的合金（AC 材），或之後會提到的壓鑄用合金（ADC 材），也可使用。

砂模鑄造法

指做出成品形狀的模型，然後埋入耐火的砂粒中，等砂粒固結後取出模型，鑄模即完成。若成品為中空狀時（有孔），可把做成中空形狀的砂心填入鑄模中，將熔化的金屬流入鑄模，金屬冷卻之後，分解砂模取出成品，最後去除澆口和毛邊，即完成鑄造（圖 6.12）。

不論大小、各種形狀皆可對應，是其特徵。雖然每次都需破壞鑄模，但砂粒可重複使用。

模型的種類

模型的形狀有「實體型」和「刮板型」。實體型的形狀與成品形狀完全相同，而刮板型則是做出與成品斷面形狀相同的板狀刮板，藉由旋轉刮板做出所需的模穴。

相較於實體型，製作刮板型的模型可節省時間和費用。材質有木板、樹脂或金屬，可重複使用。

模型設計要點

設計模型有三點需考慮，即「收縮裕度[2]」、「拔模斜度」和「加工裕度」。收縮裕度為金屬熔化後，冷卻凝固時的收縮量，模型需預估此收縮裕度，所以體積需做得稍大一些。拔模斜度為砂粒裝填完成時，為方便模型從鑄模中取出，需設計取出方向的斜度。加工裕度為鑄造之後，以切削加工整修時的加工空間，模型也需預估此空間，將體積做得稍微大一些。

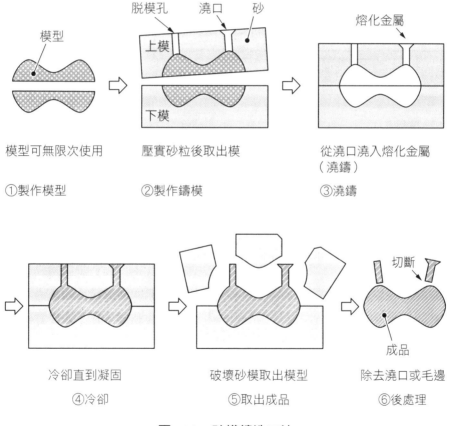

圖 6.12　砂模鑄造工法

註 2：裕度為鑄造專有名詞，即需預留的空間。

殼模鑄造法

　　將金屬模具切削出所需形狀，加熱此金屬模具，再噴上混有砂粒的熱固性樹脂，可完成模具形狀的鑄模。將兩個鑄模像貝殼般對準閉合做出模穴，澆入熔化的金屬，即成型。

　　鑄件表面完好、尺寸精度高是其特徵，但需加熱模具，不適合大型鑄件。

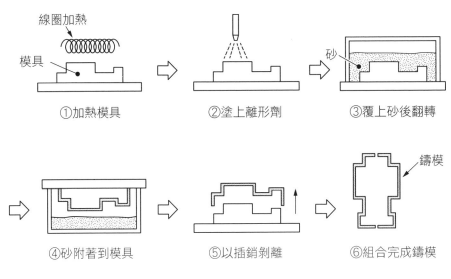

①加熱模具　　　　②塗上離形劑　　　　③覆上砂後翻轉

④砂附著到模具　　　⑤以插銷剝離　　　⑥組合完成鑄模

圖6.13　殼模鑄造工法

脫蠟鑄造法

　　做出所需形狀的模具，再利用此模具，以熔點低的蠟做出模型。用石膏將此模型包覆固定並加熱後，蠟會熔化，即形成所需形狀的模穴，將熔化的金屬注入模穴後，即成型。

模型每次使用完就會消失，鑄模也會被破壞。但製作模型的模具可重複使用，大多用於配件之類的美術工藝品。一個鑄模可有多個像數枝狀的模穴，可提高產量。

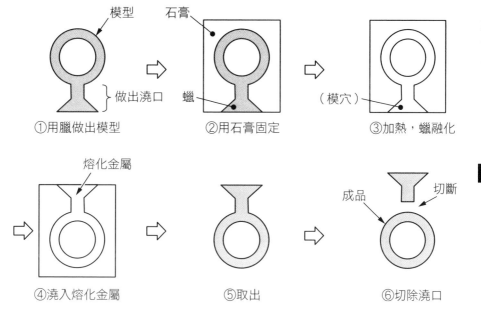

　　①用蠟做出模型　　②用石膏固定　　③加熱，蠟融化

　　④澆入熔化金屬　　⑤取出　　⑥切除澆口

圖6.14　脫蠟鑄造工法（以戒指製作為例）

壓鑄模鑄造法

　　壓鑄模鑄造法的模具以金屬做成，可重複使用。熔化鋁等非鐵金屬，邊施加壓力邊壓入模穴，即使形狀複雜或厚度較薄，尺寸精度還是很高，適合大量生產，廣泛用於製作汽車零件。

鑄件不良

　　鑄件的不良項目，主要有「尺寸不良」、「表面不良」、「鑄巢（針孔）」、「缺陷」、「裂化」等等。鑄巢是因化學反應產生的氣體，或鑄模水分過多而產生氣泡。缺陷是指凹槽或坑洞，即原本應飽滿的地方，有不足的情形。這些不良的發生原因，有模型或鑄模、澆入條件等種種因素。

適合塑膠加工的射出成型

射出成型的特徵

　　塑膠成型的方法，有吹塑成型、迴轉成型或真空成型等各類型。最廣泛使用的是射出成型，是將加熱軟化後的塑膠壓入模具，為先前介紹的壓鑄模鑄造法的塑膠版。

　　塑膠的特徵是，熔點比金屬明顯要來得低；另外，即使形狀複雜，一道工序即可完成，因此適合大量生產。將成品從模具取出的方式，除人工作業外，還可藉射出來回收，或由機器人取出移放到輸送帶。

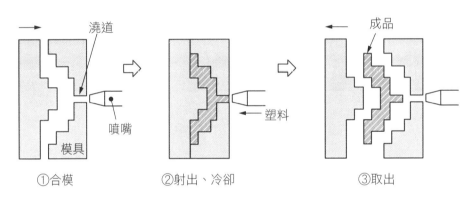

①合模　　　　　　②射出、冷卻　　　　　③取出

圖6.15　射出成型工法

射出成型的模具設計要點

　　射出成型是將塑料以高壓注入模具內，因此模具以及開關模具的構造，兩者皆需高剛性。此外，塑膠會因溫度變化而有尺寸上的差異，模具尺寸需考慮到塑膠冷卻之後的收縮量。甚至，澆入材料的入口（澆道）放在成品的哪個位置，設計時不僅要留意成品樣式，也要考慮是否能穩定地注入模具。

其他塑膠成型法

（1）吹塑成型

　　吹塑成型中「吹」的意思，是指像吹氣球一樣使其膨脹的成型方法，用於中空狀成型，廣泛用於製作 PET 瓶、洗髮精的容器或塑膠袋。

　　製造流程先將塑膠粒投入料斗，加熱熔化後押出管狀；再將其夾入模具內，並向內吹進空氣，藉由將材料壓覆於模具內壁，使其成型。成品外部可轉印模具形狀，但內部僅注入空氣，故無法控制形狀。

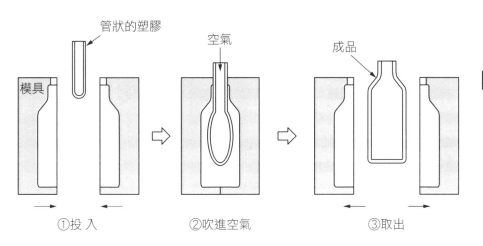

圖6.16　吹塑成型工法

（2）旋轉模塑

　　適用於大尺寸容器的工法（圖 6.17）。將粉末狀的塑料投入模具，藉燃燒器加熱模具，同時旋轉模具，使熔化的材料貼覆模具內壁，停止加熱，材料自然冷卻凝固後，打開模具蓋取出成品。

　　過程中僅需旋轉模具，不需其他外力，不需要很大力氣，因此可節省成本。此外，想要改變成品厚度時，僅需改變投入的材料量，就可輕鬆對應。

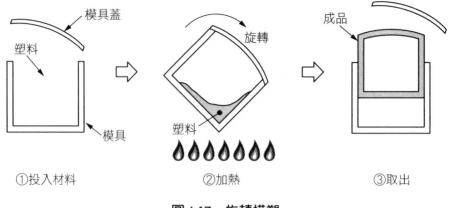

塑料

①投入材料　　　②加熱　　　③取出

圖 6.17　旋轉模塑

（3）真空成型

　　加熱塑膠板,將其置於所需形狀的模具上方,再從模具上的孔抽引,藉塑膠板完整貼覆於模具面上來成型。冷卻後,再從模具上的孔吹氣取出,塑膠便當盒或食物托盤,即以此工法製作而成。

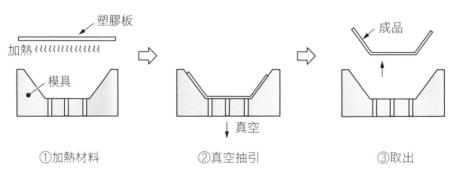

①加熱材料　　　②真空抽引　　　③取出

圖 6.18　真空成型工法

鎚鍊金屬的鍛造

鍛造的特徵

　　鍛造就如同字面上的「鍛鍊而造」一樣，是藉由鐵鎚或沖床機，對金屬施加外力，使其成形。同時，也使金屬組織變緻密，並提升所謂機械性的強度、硬度。

　　鍛造的歷史悠久，昔日的武士刀即是鍛造而成，塑形的同時也提高硬度，是其一大特徵。鍛造和切削加工的金屬組織，差異圖示如下。

　　此外，鍛造雖可使用沖床機，和沖床加工（板金加工）所不同的是，沖床加工的材料厚度不會改變，而鍛造的厚度會隨之改變。

（a）鍛造

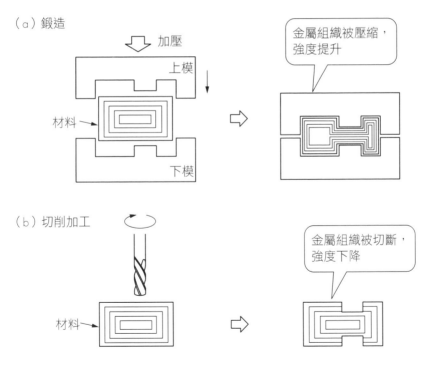

（b）切削加工

圖6.19　鍛造與切削加工的差異

鍛造所使用的金屬材料

通常使用含碳量 2% 以下泛用鋼鐵材的機械構造用碳素鋼（S-C 材），或碳素工具鋼材（SK 材）。

同時，要提升鋁合金的機械性時，也是藉由鍛造來成形。舉個身邊例子，自行車輪圈一般是鋁合金的「鑄造品」，高級品就是「鍛造品」。因強度提升，僅需使用少量材料，約可達到 20% 的輕量化。

依成形溫度區分的鍛造種類

鐵材料約 800℃ 以上、鋁合金約 400℃ 以上會變軟。在此溫度下所加壓的力量可較小，同時也可做大體積的加工。在這些稱做再結晶溫度的溫度下所做的鍛造，稱為「熱鍛」。

另外，也有在常溫下加工的「冷鍛」。冷鍛因不易使材料變形，故加壓時需較大力量，模具也需高強度，但不需加熱就可做高精度的加工。從世界上的鍛造品生產量來看，熱鍛製品約占 9 成，而冷鍛製品不到 1 成。

鍛造方法的種類

鍛造方法有「自由鍛」和「模鍛」。自由鍛不使用模具，是將加熱過的金屬，以鐵鎚或沖床機鎚打成形。主要是手動作業，需仰賴加工者的經驗與感覺。

另一方面，模鍛是利用模具成型的方法。不管是熱鍛還是冷鍛，兩者的使用條件都很嚴苛，前者因在高溫下模具易損傷，後者因要施加極大外力，模具需相當堅固。同時，從模具凸出的多餘材料會變成毛邊，鍛造後需去毛邊。

鍛造機械的種類

　　自由鍛是使用「空氣鎚」，雖稱做鎚，但並非是用手向下敲打的鐵鎚，而是指自動沖壓的工具機。其驅動源為壓縮空氣或馬達，將帶有重量的鎚頭上下作動，敲打工件。

　　模鍛是用「鍛造沖床」，將模具裝在鍛造沖床上自動加工。驅動源為馬達或油壓。

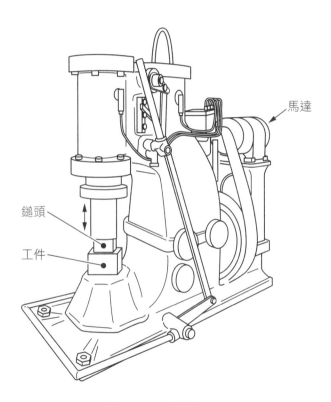

馬達

鎚頭

工件

圖 6.20　空氣鎚

壓延加工、擠出加工和抽出加工

壓延加工的特徵

　　壓延加工，是將材料通過旋轉的滾輪，並將其延壓到和滾輪間的縫隙一樣薄的加工法。和手打蕎麥麵時，將揉好的麵團用桿麵棍壓平的動作相似。壓延加工可做各式各樣形狀，不限於平板。有溫度在再結晶溫度以上的熱壓延，以及在常溫下加工的冷壓延兩種類型。

　　市售的鋼鐵材的厚板，或型鋼的山型鋼（L型）、溝型鋼（C型）、H型鋼、I型鋼等，都是用熱壓延成形。

　　若要把熱壓延成形後的厚板變薄，就可進行冷壓延加工。一般稱黑皮材為熱壓延材，冷板材為冷壓延材。

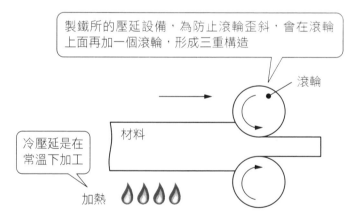

圖6.21　壓延加工

特殊壓延的轉造加工

將圓工件一邊強力壓入工具（螺絲模），一邊旋轉，使工件表面形成與螺絲模紋路相反形狀，稱做「轉造加工」。螺絲或齒輪即是以此方式加工。

和鍛造相同，加工表面而塑性變形，讓組織變得連續，藉由將外力集中於一處（應力集中），產生加工硬化，比用切削加工產生的螺紋還要強韌。

通過模孔做長條物的擠出加工

將材料注入所需的斷面形狀之模孔，可製作標準長度的產品。軌道或外框等都是以此方法加工而成。通常會做成 2M 或 4M 的標準長度，使用者可再從標準長度，任意切出所需長度使用。

斷面形狀，可分成加工廠的標準和隨訂單需求兩種。標準形狀刊載於廠商目錄，可從中選出最適合的形狀。若無合適的尺寸，可依訂單需求製作（特製品），此時可提供廠商所需的斷面形狀，委託廠商設計製作模具。

擠出加工也用於非鐵金屬的塑膠管或塑膠片加工，另外食品類的麵條或洋菜，也是以此方式加工。

擠出加工的特徵

依材料通過模孔的方式，分為「擠出加工」和「抽出加工」。擠出加工是將裝在稱做料筒之筒狀容器裡的材料，施力從模具擠壓出來，使成品斷面與模孔形狀相同的加工法（圖 6.22 的 a）。鋁窗或鋁框皆是以此法成型。

因主要是在加熱時進行，複雜的形狀也可加工，但成型模等裝置也處於高溫、高壓下，點檢維修時須特別注意是否需要修補。

抽出加工的特徵

　　抽出加工是使用擠出加工、或壓延加工過的材料，將材料前端通過極微小的模孔，藉由抓住材料前端拉伸，塑形成模孔形狀的加工法（圖6.22 的 b）。因為是常溫下的冷壓延加工，成品表面平整，可修整出高尺寸精度。

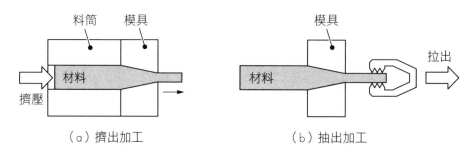

（a）擠出加工　　　　　　　　　（b）抽出加工

圖6.22　擠出加工和抽出加工

第 **7** 章

材料之間的接合加工和
局部熔化的熔接加工

熔合成一體的熔接

接合可靠度高的熔接

接合物體之間的方法,有熔接、螺絲、嵌合、接著劑、鉚釘,各有利弊。熔接是將金屬之間,藉加熱熔化後再結合成一體的方法,是接合可靠度最高的加工方法。

接合方法	可靠度	拆卸容易度	特徵	本書解說
熔接	◎	×	● 接合強度最高 ● 目的為降低成本	本章
螺絲	○	◎	● 唯一可拆卸的方法 ● 加工成本低	第4章
嵌合 (壓入)	○	△	● 適用於無法用螺絲時 ● 高精度	第4章
接著劑	△	×	● 加工成本低 ● 接合可靠度不高	本章
鉚釘	○	×	● 將鉚釘插入孔洞,再錘平鉚釘兩端的固定方法	―

圖7.1　接合方法的種類與特徵

熔接的目的為降低成本

舉例來說,設備裡常使用到的T型或H型零件,若是尺寸特別大,使用切削加工需花很多時間,且切屑也多。藉由熔化扁鋼,不僅可縮短加工時間,也可節省材料費。

另外,形狀複雜時,想要快速低廉地接合個別零件,也會使用熔接。但熔接時的熱源易造成歪斜,要求加工精度時,熔接後可藉銑床加工修整。此外,熔接時要接合的金屬材料,稱做「母材」。

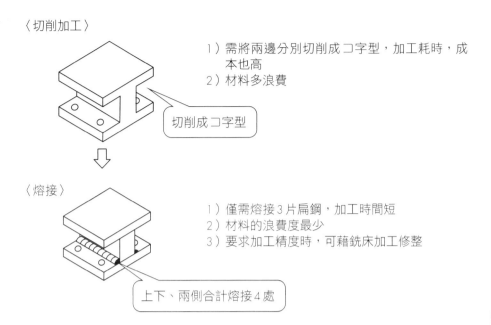

〈切削加工〉

1）需將兩邊分別切削成コ字型，加工耗時，成本也高
2）材料多浪費

切削成コ字型

〈熔接〉

1）僅需熔接3片扁鋼，加工時間短
2）材料的浪費度最少
3）要求加工精度時，可藉銑床加工修整

上下、兩側合計熔接4處

圖7.2　熔接的目的

熔接分為氣焊與電焊

熔接依熱源分成「氣焊」與「電焊」。氣焊是利用燃燒氣體產生的火焰，熔化母材和焊條，予以接合。此種裝置相對便宜，但需要熔接技術，且因使用可燃氣體，需考量安全性。

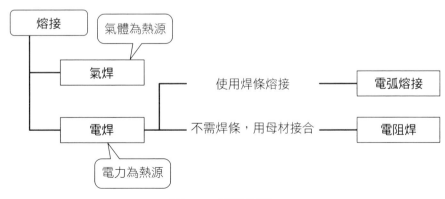

圖7.3　熔接分類

另一方面，電焊是利用通電時放電、或電阻產生的熱能。與氣焊相比，器材輕便，作業相較容易。

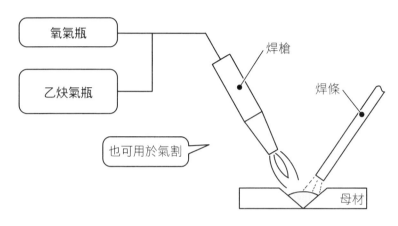

圖 7.4　氣焊

電弧熔接與電阻熔接

電焊可分為「電弧熔接」與「電阻熔接」兩種（圖7.3）。電弧熔接是藉放電（電弧）產生火花，再利用該熱源接合。使用與母材同材質的焊條，將母材和焊條兩者熔合成一體。

電阻熔接是重疊母材，通過電流，利用接觸面的電阻所產生的熱能，熔化母材並接合。不需焊條，僅接合母材，主要用於板金熔接。

接著，針對各熔接的特性，詳細介紹如下。

使用放電的電弧熔接

電弧熔接的原理與焊條

　　電弧熔接的原理與打雷相同，利用電位差製造火花放電，產生3000℃以上高溫的熱與光，藉由此穩定產生的熱能，熔化母材和焊條。

　　一般焊條還兼有電極功能，因電流通過，焊條本身便熔化，故被視為消耗品。焊條又稱做「被覆焊條」，外圍塗有被覆劑，可藉熱能形成遮護氣體，遮蔽氧氣和氮氣，防止氧化物與氮化物的形成。

　　另一方面，使用不會消耗的電極（鎢電極等）時，會另外再使用焊條。

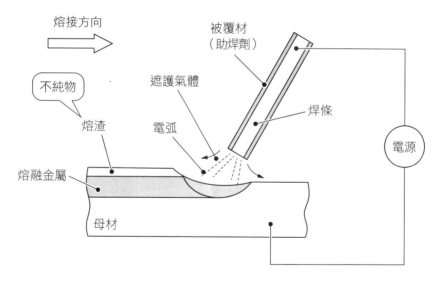

圖7.5　被覆電弧熔接

被覆電弧熔接與氣體遮護電弧熔接

　　使用被覆焊條的熔接，稱做「被覆電弧熔接」。平常所說的熔接，指的就是此種熔接。其設備較便宜，室內外皆可使用，但加工需熟練度。此外，作業時產生的強光與氣體，會使視線變差，難以看清熔接處，而移動焊條的速度，也會影響熔接品質。

　　另一方面，為提升熔接品質，便有了「氣體遮護電弧熔接」，藉由在熔接處吹氬氣或氮氣等，遮護氣體、遮斷空氣，防止氧化物或氮化物的形成，使熔接穩定進行。成本雖比被覆電弧熔接高，但有較好的熔接效果，因有熱度，少有變形產生，是其特徵。常用於鋁或銅合金、不鏽鋼等。

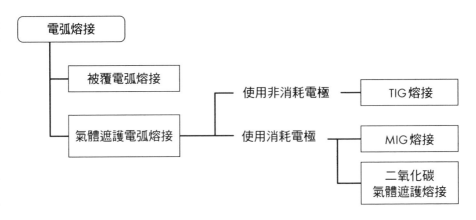

圖7.6　電弧熔接接的種類

TIG熔接與MIG熔接

　　氣體遮護電弧熔接，又分「TIG熔接」、「MIG熔接」和「二氧化碳氣體遮護熔接」三種。TIG熔接是使用鎢電極，另外再使用焊條（圖7.7的a）。MIG熔接則是使用與母材同性質的線狀電極（同b圖），電極熔化便發揮與焊條相同的功能。

比較兩者，所謂「熔接作業效率」的熔接速度和操作容易性，以TIG熔接較好。而外觀或內部是否缺陷等這些所謂的「熔接品質」，則是以MIG熔接較好。但MIG熔接不適用於薄板熔接，一般板厚在2至3mm以下會採用TIG熔接，該範圍以上的則使用MIG熔接。

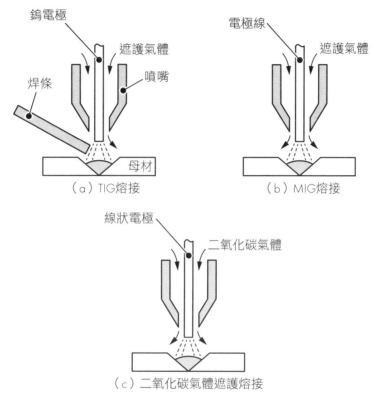

（a）TIG熔接 （b）MIG熔接

（c）二氧化碳氣體遮護熔接

圖7.7　氣體遮護電弧熔接

二氧化碳氣體遮護熔接

二氧化碳氣體遮護熔接，即可捨棄高價的遮護氣體，轉而使用低價的二氧化碳（圖7.7的c）。因其優點為熔接速度比被覆電弧熔接快、電弧集中性佳，對母材的穿透性深，不純物的熔渣少，可廣泛應用於碳素鋼的熔接。此外，於二氧化碳中加入氬氣，使用混和氣體的熔接，稱做「MAG熔接」。

電弧熔接的母材材質

鋼鐵材料裡，以含碳量0.3%以下的碳素鋼的熔接性較佳，含碳量0.3%以上會引起淬火硬化，易有斷裂的風險。而鑄鐵因含碳量多，熔接困難。

不鏽鋼、鋁合金、銅合金屬，皆屬較難熔接的材質，故使用TIG熔接或MIG熔接。不鏽鋼因熱易變形；鋁合金或銅合金因熱傳導性佳，熔接熱源易消散，可操作性差。銅合金的接合，一般會使用後面將提到的「硬焊」。

電弧熔接的接頭種類

決定母材間以何種方式接觸熔接的工具，稱做熔接接頭。下圖介紹幾個代表性接頭。

（a）對點接頭

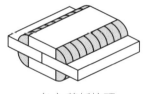
（b）蓋板接頭

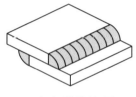
（c）搭接接頭

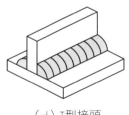
（d）T型接頭

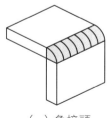
（e）角接頭

（f）凸緣接頭

圖7.8　熔接接頭的種類

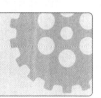

使用電阻發熱的電阻熔接

電阻熔接的原理

將導體通電，由電阻產生的熱能，稱為焦耳熱。利用此原理製作的產品，有電茶壺和吹風機，電阻熔接也是活用此熱能。

電阻熔接主要用於板金的熔接，將兩片母材夾於電極間並通電，藉由接觸部位的電阻來發熱，母材因熱能呈熔化狀態，施力後即可接合。使用鋁合金等軟材時，母材兩面會殘留電極接觸後的圓形凹陷痕跡。

電阻熔接的特徵

和電弧熔接相較，電阻熔接有以下特徵：
①不需焊條。
②熱源可集中於一點，熔接效率高。
③無不純物，外觀漂亮。
④熔接作業姿勢自由（電弧熔接主要朝向下方）。
⑤可短時間內熔接，熱的影響少。
⑥操作簡單。

電阻熔接的種類

依接合母材的位置關係，分為「重疊電阻熔接」和「對點電阻熔接」。重疊電阻熔接是重疊薄板熔接，依電極的形狀，有「點熔接」、「凸出熔接」和「接縫熔接」三種（圖7.9）。而對點電阻熔接，指將棒材或板材之間相對接合的熔接，又稱「對頭熔接」。

電阻熔接中，以點熔接為最具代表性的接合方法，汽車車身多用此種方式接合。

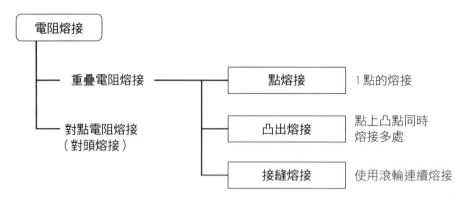

圖7.9　電阻熔接的種類

「點熔接」、「凸出熔接」、「接縫熔接」

點熔接是如同點般，以「點」熔接（圖7.10的a）。電極的形狀是圓棒形且前端凸出。將重疊的母材夾在2支電極間通電，若因發熱使接觸部位熔化時，可再施力接合母材。

凸出熔接是先將母材點上數個凸點，再以大電極一次加壓熔接，加工效率好（同b圖）。熔接板金使用的「熔接螺帽」，即是此種凸出熔接用的特殊螺帽（同c圖），又稱熔接螺帽。和板金的接觸面有4個凸點，將置於板金上的整顆螺帽以電極壓住通電，再藉這4個凸點接合。

接縫熔接是將滾輪形狀的電極在母材滾動，連續接合成直線狀（同d圖）。容器周圍需密封時，會使用此種熔接。

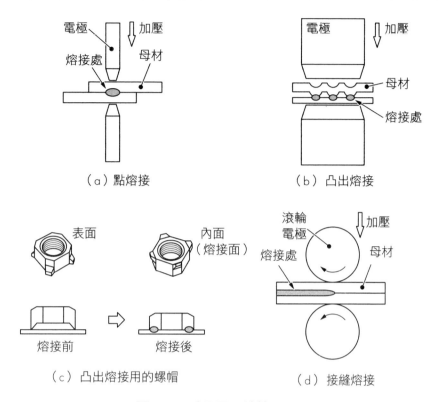

（a）點熔接 　　　　　　　　　（b）凸出熔接

（c）凸出熔接用的螺帽 　　　　　（d）接縫熔接

圖7.10　重疊電阻熔接

材料之間的接合加工和局部熔化的熔接加工

圖面解讀（對稱地熔接）

　　熔接因加熱會產生變形，其解決對策是，即使單側熔接時的強度沒問題，也要設計成雙邊對稱的形式。舉例來說，要熔接成H型時，要設計成上下兩側合計共4個熔接處（圖7.2）。而要將兩片薄板對接，或要接合成T型時，也是要在兩側都熔接（圖7.8）。

　　此外，加工方法的對策是，以假組裝的方式先少量熔接（假熔接），之後再進行真正的熔接，盡量防止因熱而產生的變形。

硬焊與接著

硬焊

到目前為止介紹的熔接，都是母材之間做金屬組織上的結合。與此相對，硬焊是熔化熔點比母材低的金屬（此處稱焊料），是一種焊料藉毛細現象，流入母材空隙間的接合方法。焊料有銀、黃銅、鋁、鎳等。其特徵如下：

①因不熔化母材，故可接合薄板或精密零件。

②藉焊料的滲透，可接合出複雜的形狀。

③可接合不同種類的金屬。

焊錫就是硬焊的一種

電流配線所使用的「焊錫」，是以錫和鉛的合金為焊料，屬於硬焊的一種。焊錫的歷史久遠，日本奈良大佛的建造也有使用此加工法。但因為鉛對人體有害，同時會對自然環境帶來不好的影響，現在普遍使用「無鉛銲錫」。

此外，難以焊錫的鋁合金，或非金屬的玻璃或陶瓷，適合用超音波做「超音波焊錫」。

接著

相對於藉由將金屬熔融於母材間而接合的硬焊，接著是使用金屬以外的材料接合。生活周遭的例子，有口紅膠或瞬間接著劑。

接著劑的材質，分成天然的澱粉或玉米、使用松脂的東西、以及有機聚合物，也就是塑膠。市面上塑膠系的接著劑，依照用途，有各式各樣的種類。

雖然可接合不同的材料，是接著劑的最大特徵，但聚乙烯（PE）、聚丙烯（PP）、氟樹脂（鐵氟龍®）、氟橡膠、丁基橡膠，都是屬於難以接著的材料。

接下來是題外話，為何接著劑能接合，原因至今仍不明。有一種理論是，投錨效果或分子之間的引力。投錨效果指的是，接著劑滲入至工件表面凹凸不平的地方，凝固後像錨鉤一樣，無法被拔起。

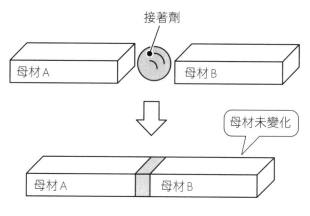

圖7.11　接著的原理

接著劑的分類

接著劑依成分有眾多分類，從身邊物品來看，有以下幾大分類：

（1）第一類液態接著劑

塑膠模型常會用到的施敏打硬C®[1]，或木工用接著劑，即為第一類液態接著劑的代表。工業用的接著劑，需加熱硬化。

（2）第二類液態接著劑

愛牢達®[2] 等的第二類液態接著劑，使用前要將本劑和硬化劑混合使用，在常溫下硬化。

（3）瞬間接著劑

Aron Alpha® 等瞬間接著劑的特徵，是在常溫下瞬間硬化。多數人應該有用過瞬間接著劑的經驗，若是帶手套使用，會相當危險，這是因為接著劑滲透到布裡，會隨毛細現象一口氣蔓延，要加熱至100℃左右才可移除。

註1：CEMEDINE C®的音譯，台灣和日本合資的接著劑公司，所生產的接著劑。
註2：Araldite®的音譯，一種環氧樹脂，是美國亨斯邁Huntsman公司主力品牌。

（4）紫外線硬化型接著劑

以上介紹的硬化劑，都是要開封或混合之後才開始硬化；此種紫外線硬化型接著劑，是要藉紫外線才能硬化。其特徵是要控制硬化的時間點，大多應用於工業製品。紫外線簡稱UV，故又稱做UV硬化型接著劑。

	優點	缺點
第一類液態接著劑（環氧系）	●價格便宜 ●不需混合 ●存放簡單	●需加熱
第二類液態接著劑（環氧系）	●常溫下硬化	●需花時間混合
瞬間接著劑	●瞬間硬化 ●常溫下硬化	●不耐衝撞 ●表面會有粉末浮出
紫外線硬化型接著劑	●藉紫外線（UV）照射硬化，需掌握硬化時間點 ●硬化速度快 ●屬第一類液態接著劑，操作簡便	●需紫外線照射裝置 ●手工操作不易

圖7.12　接著劑的特徵

使用光源的雷射加工

局部熔化塑形的加工

切削加工或成形加工都是施加外力來塑形，而利用光源、電或化學反應，局部熔化材料的加工法，有雷射加工、放電加工、蝕刻和3D列印。因工具不接觸工件，適用於加工薄壁零件等容易變形的材料。

此類加工因工具機不同，性能各異，各自都具備特有的技術。也因此，一般在設計階段，對於加工形狀和尺寸精度要求，會融合加工者的經驗。

所謂雷射光

在說明會等場合，指引螢幕資料的簡報筆，就是利用雷射光，由此可知，直線性是其最大特徵。阿波羅便是利用置於月球表面的鏡子，反射地球地面上的雷射光，並從返回時間計算地球到月亮的距離，據說測量誤差只有2至3cm。

太陽光是由各式各樣波長的光所集合而成，但雷射光屬單一波長的光，故無法擴散。如同將太陽光用放大鏡集中於一點，會使紙張燃燒般，將雷射光聚集於一點，即可產生熔化金屬的力量。

雷射加工的特徵

　　雷射加工就是將雷射光的能量轉換為熱能，使其熔化工件加工，該加工有許多優點，其特徵如下：

①不需所謂車刀或端銑刀等切削工具。

②不需施加外力於工件，不易變形。

③工件發熱量少，故熱變形情況也少。

④連鑽石的硬度都可加工。

⑤雷射光的軌跡，可藉程式自由設計。

⑥切割成本低，產量高。

⑦複雜形狀或細微的加工，也沒問題。

　　但因其反射率高，故不適合高純度的鋁或純銅加工。

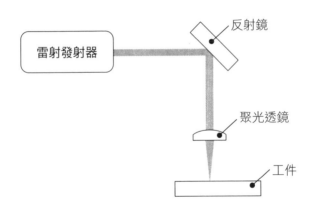

圖7.13　雷射加工

使用雷射光加工的目的

　　藉由雷射光加熱工件，可進行「切割」、「接合」、「淬火」三種加工（圖7.14）。切割是將欲切割處接觸雷射光，藉由加熱使之熔化蒸發，以進行鑽孔、切斷或印字。雷射接合是將雷射光做為熱源，將金屬局部熔化，是一種熔接或硬焊的方法。此外藉由加熱局部，也可當做淬火的熱源。

用雷射加工做切割

雷射加工廣泛用於板金切割，其優點為容易使用程式設定切割形狀，為了不浪費板材，可配置出最適合的切割形狀。但是可加工的厚度，因加工機的性能而有所限制，一般鋼鐵材的厚度標準為12mm左右。此外，雷射切割也適合超細微的鑽孔加工，例如可在0.1mm厚的金屬板上，鑽直徑 ϕ 0.01mm的圓孔。

印字指的是在工件表面印字，因極小的文字或記號都可清楚的標示，常用於將規格等標示，刻印在成品表面。

CO_2 雷射與 YAG 雷射的特徵

雷射加工機多使用CO_2雷射（也稱二氧化碳雷射）和YAG雷射。隨雷射光使用目的的不同，雷射光的波長也會不同。切斷或鑽孔是使用CO_2雷射，印字或雷射熔接，則傾向用YAG雷射。

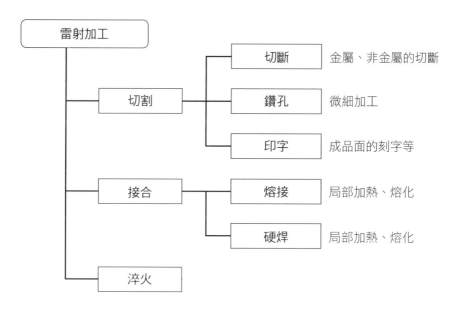

圖7.14　雷射加工的目的

適合精密加工的放電加工

放電加工的特徵

　　放電加工是將電能轉變成熱能，來熔化工件的加工法。其原理與電弧熔接類似，將電極和工件通過電流，在極小的空間內放電產生近6000℃的火花，來加熱熔解工件，屬於非接觸的加工。電流若是流動類的液體，也可將淬火過的硬材或超硬合金，做精密加工。

　　尤其是成形加工所使用的模具，大多硬度高且形狀複雜，是放電加工最擅長的領域。

　　放電加工分為「雕形放電加工」和「線切割放電加工」兩種。雕形放電加工，是將電極雕成與所需成品顛倒的形狀（如印章的原理）來做切割；而線切割加工，是在電極上纏上線，再將此線沿著所需形狀的輪廓移動，即可切斷金屬材料。

雕形放電加工

　　通常說到放電加工，指的就是雕形放電加工。是用與所需成品形狀顛倒的電極為工具，在水或煤油中，將金屬材料與電極板相對產生火花，以此熱能熔化金屬（圖7.15）。固定工件，藉由自動控制，將電極下降進行雕刻。可加工的尺寸精度達1μm（微米）的水準；電極因為是使用銅等軟材，故容易將電極本身加工成所需形狀。

　　軟材的電極，可在不受損的情況下，切削堅硬的工作，雖然很不可思議，但這都是靠電極的流向來控制。此外，銑床加工僅能將工件加工出帶有端銑刀前端的R角半徑，但藉由放電加工，就可完成90度的銳角。

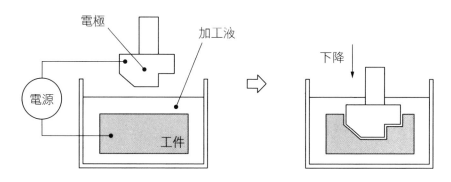

圖7.15 雕形放電加工

線切割放電加工

　　線切割放電加工簡稱線切割，是事先將工件鑽貫通孔，再將線穿過貫通孔。做為電極的線的材質是黃銅（銅的一種），線的直徑一般為0.2至0.3mm左右。在展開的狀態下，一邊捲線一邊在水中產生火花，來切割工件。

　　將固定於床台上的工件，藉程式控制前後左右移動，可自由變換加工形狀。所使用的線，為一次性的消耗品。

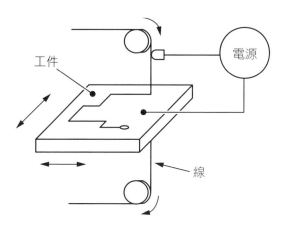

圖7.16 線切割放電加工

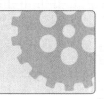

蝕刻與3D列印

用化學反應熔化材料

使用藥品以化學方式，將材料熔化塑形的加工法，稱為蝕刻（參見第1章的圖1.12）。

將工件塗上有感光性的樹脂，再從上方開始曝光，除去不要處的感光樹脂，接著藉由將工件浸入藥品熔化，留下所需形狀，最後去除樹脂即完成。廣泛應用於印刷電路板的配線，端子間的間距達0.1mm水準的細微加工，也能完成。

所謂3D列印

3D列印中的3D是立體之意，指的是以印刷製作立體物的加工法。重疊好幾層薄薄的印刷層，可累積出厚度，由二次元的平面塑形出三次元的立體物。材料以塑膠為主，最近連金屬也可以使用。

此加工法的特徵如下：

①切削加工或成形加工無法完成的複雜形狀，都可加工。

②可藉程式設定，自由設計形狀。

而其缺點為：

①加工耗時，不適合大量生產。

②原料有所限制。

③無法高精度加工。

目前廣泛應用於樣品的製作，其魅力在於，若是樣品需要做大量的細部調整，使用3D列印，僅需修改程式，就可馬上加工。同時向客戶說明產品時，比起用圖面說明，以實體的樣品展示，更容易加深客戶印象。

3D列印的技術進步快速，若能從精度面、成本面、縮短時間來改善，之後的發展令人期待。

3D 列印的方式

　　從眾多方式中，本書僅挑選熔融積層法（FDM 方式）和光敏塑形法（SLA）來介紹。

（1）熔融積層方式（FDM 法）

　　是將屬工程塑膠的聚碳酸酯或 ABS 樹脂，加熱熔化，再層層堆疊起來的工法（圖.7.17 的 a）。

（2）光敏塑形法（SLA 法）

　　將水槽裝滿接觸到紫外線就會硬化的液態樹脂，再由上方照射紫外線雷射光，使樹脂硬化（同 b 圖）。一層硬化後就會下降一層，經不斷重複地照射來塑形，最後從水槽拉起即完成。

（a）FDM 法

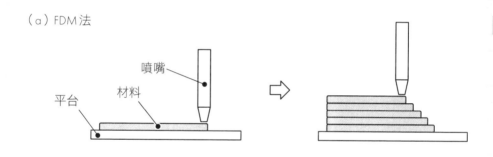

（b）SLA 法

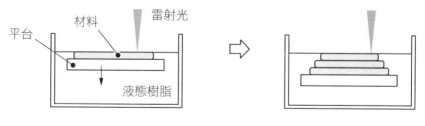

圖 7.17　3D 列印

安全為首要條件

第1章已經介紹過加工的三要件，為製造品質、製造成本和加工時間。而要達成此三要件，最重要的前提是確保安全。工具機是以高速運轉，若是操作失誤，便會引起極大的事故。而加工現場該如何維護安全呢？我們可從「軟體面」與「硬體面」雙管齊下。

軟體面的對策是，強化操作正確步驟的意識，並且確實實踐。原則上就是落實整理、整頓、清掃以及穿工作服，確實扣好袖子上的鈕扣，同時嚴禁穿戴工作手套及領帶。因工件及工具機都是在高速狀態下運轉，一不小心誤觸就會被捲入，相當危險。此外，護目鏡及安全鞋，也是很重要的配備。還有，為了能安全因應突發狀況，平常就要實施工廠安全演習（簡稱工安演習）。

另一方面，以「人不管再怎麼留意還是會出錯」為考量，硬體面的對策是，工具機或治具要有防護機能。例如設置安全罩、稼動中被打開即自動停止的設計，或是像沖床機設有所謂的雙手按鈕，需同時按下啟動鈕和切換鈕才能稼動。若只有一個切換鈕，會有手尚在模具內，機器卻開始運轉的風險。有雙手按鈕的話，雙手一定要同時按下才會運轉，可防止手還在模具內的意外。不過或許又有第三人將手放入，因此可藉設置感應器，光線一被擋到就瞬間停止。

改變材料特性的
加工和材料裁切

改變材料內部的熱處理

為何要做熱處理？

一般談到加工，印象中都是改變形狀；而熱處理是改變材料性質，形狀不變，亦即改變金屬組織的加工。

熱處理的名稱相似，常容易混淆。簡單來說，可分類如下：

① 「可提升硬度與韌性」為「淬火、回火」。

② 「變軟」為「退火」。

③ 「回復組織至標準狀態」為「正火」。

要如何改變硬度？

熱處理的流程簡單，即「加熱」、「保溫」與「冷卻」三步驟。改變這些條件即可改變性質。也就是說：

① 加熱的速度多快？

② 加熱到幾度？

③ 保溫時間多長？

④ 冷卻速度多快？

改變這些條件，就可變硬、變軟或回復到標準狀態。

冷卻速度是一大關鍵

上述最重要的就是④的冷卻速度。淬火、回火為一口氣「急速冷卻」；退火是使其在自然散熱狀態下「緩慢冷卻」；而正火，是放置爐中用半天或 1 天慢慢冷卻的「爐冷」。

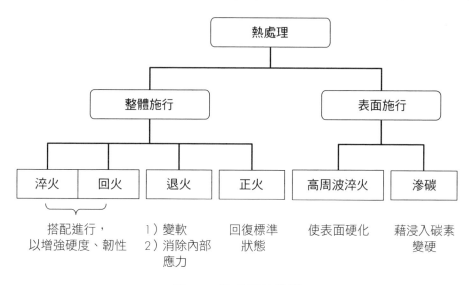

圖8.1　熱處理的特徵

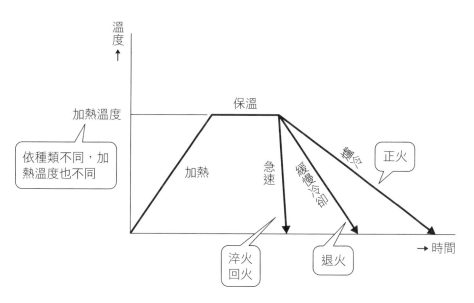

圖8.2　熱處理的溫度控制

增強硬度與韌性的淬火、回火

若單純只要硬度佳，選擇超硬合金的材料即可對應，但因材料有愈硬愈脆的特性，若變脆，耐衝擊度會變低。若要使其堅固，就需硬度與韌性兩者兼顧，而方法就是淬火、回火。

淬火可提升硬度，回火可增強韌性，兩者一定要搭配進行。

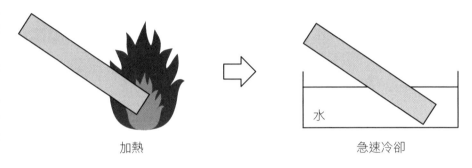

加熱　　　　　　　　　　　　　　　急速冷卻

水

圖8.3　淬火作業

含碳量要0.3%以上才能淬火

要淬火的碳素鋼，含碳量要在0.3%以上才會顯現效果。含碳量愈高，淬火後的硬度也會愈高，大約0.6%左右為極限，超過0.6%以上，雖然淬火後硬度仍相同，但耐磨耗性會提升。也就是說，SS材（一般構造用壓延鋼材）因含碳量在0.3%以下，沒有淬火過後的效果；而S-C材（機械構造用碳素鋼鋼材）中，S30C以上的鋼材以及SK材（碳素工具鋼鋼材），全系列都適用於淬火熱處理。

合金鋼淬火後的效果，比碳素鋼來得硬且有韌性。此外，工件大時，碳素鋼的中心冷卻較慢，難以滲透，而用合金鋼即可提升滲透性。

退火的目的

退火目的是使材料變軟。第3章已介紹過，將材料施加外力，會產生變硬和變脆的「加工硬化」；而冷壓延（第6章）過後的鋼鐵材，也會產生加工硬化，故需進行退火。

退火另一個目的，是「消除內部應力」。鋼鐵材料製作的過程中，材料內部會封入一股隱藏力量，稱做內部應力或殘留應力。若直接加工內部，應力的平衡會崩壞，導致變形，因此就要靠退火消除內部應力。

為與前述的退火有所區別，變軟處理為「完全退火」，消除應力的處理為「消除應力的退火」。其加熱、冷卻的條件，各不相同。

正火的目的

將組織回復標準狀態，稱為正火。舉例來說，因鑄造冷卻速度或鍛造內部壓力不一（第6章）等產生組織的不一致，就可藉正火修正。

僅於表面施行熱處理

藉由在表面施行淬火，以產生「雙重硬度構造」的熱處理，有「高周波淬火」與「滲碳」兩種。藉由使其內軟外硬的加工方式，達到耐衝擊、耐磨耗性佳的特性。兩者都有施行淬火與回火。

以線圈加熱的高周波淬火

不像先前的淬火、回火是加熱整體材料，高周波淬火是僅將所需加工處套進線圈，再通過高周波電流，瞬間加熱表面。線圈可依材料形狀製作。因是雙重硬度構造，適合製作軸件或齒輪等，可耐衝擊又可耐磨耗的產品。此外，像軌道類的長工件要施行淬火時，因可固定軌道再移動線圈加熱，作業效率也很好。

浸入碳素烘烤的滲碳

滲碳處理是很獨特的熱處理方式。將含碳量少的軟性鋼鐵材料（含碳量0.2%的S20C等）的表面，以專用設備浸入碳素，之後再淬火。其淬火效果可使含碳量達0.3%以上，但中心部仍保持軟度，而表面會變得硬且脆。

彈珠台裡的鋼珠，就是用滲碳處理。將含碳量0.2%左右的鋼鐵材料表面，浸入0.8%的碳素，含碳量0.8%已達SK材（碳素工具鋼材）的水準。雖然經過烘烤，但因中心柔軟，故彈鋼珠時即使鋼珠承受極大的衝擊，也不會破裂，可長時間使用。

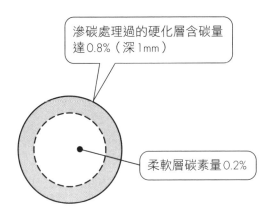

滲碳處理過的硬化層含碳量達0.8%（深1mm）

柔軟層碳素量0.2%

圖8.4　鋼珠的滲碳示意圖

改變材料表面的表面處理

表面處理的目的

相對於熱處理是改變材料本身的性質，表面處理是將材料表面鍍上一層膜，是一種賦予新性質的加工法，其目的通常是防止鋼鐵材料生鏽（防鏽）。針對生鏽這種化學反應的抵抗力，以專業術語來說，稱做耐蝕性。

其他像是耐磨耗性、防滑性、防剝離或裝飾等，都是表面處理的目的。

塗裝與電鍍

表面處理分為「塗裝」與「電鍍」兩種。塗裝是塗上樹脂系塗料，有點像 DIY 裝修時的粉刷工作；而電鍍就是鍍上金屬系的覆膜。

不管是哪種加工處理，都需要進行以下三項程序：將材料表面洗淨的「前處理」、塗裝或電鍍的「正式處理」，以及洗淨或乾燥的「後處理」。

塗裝的特徵

塗裝的主要目的是防鏽與裝飾，為不浪費塗料且能穩定地塗布，可採用噴霧狀的噴塗、將材料和塗料帶電使之附著的靜電塗裝，或將材料泡入塗料中的浸漬塗裝等方法。因成本較電鍍低，故廣泛應用於尺寸大的外框或外蓋。汽車本體的塗裝底漆是用浸漬塗裝，中途漆和面漆是用噴塗或靜電塗裝，其顏色的色調，可用色票或孟賽爾記號標示。

鋼鐵材料的電鍍種類

鋼鐵材料的主要電鍍方式，介紹如下：

（1）染黑

由化學反應產生的優質黑色氧化物皮膜，稱做染黑。膜厚極薄，約在 $1\mu m$ 左右，故適用於精度高的成品。價格雖便宜，但防鏽效果不高，顏色是沒有光澤的黑色。

（2）鍍鉻

以往六價鉻酸鹽因價格便宜，所以被廣泛使用。種類有亮鉻（Unichrome®）、有色鉻、黑色鉻三種。亮鉻為白色，耐蝕性差，多用於裝飾性用途；有色鉻大多使用彩虹色。但因為六價鉻對人體有害，且會造成環境污染，現已漸漸改用三價鉻。

（3）無電解鍍鎳

藉化學反應形成鎳的覆膜，可指定膜厚，適合需高精度的產品，一般膜厚為 3 至 $10\mu m$。

（4）鍍硬鉻

是電鍍中最硬的表面處理，耐磨耗性、耐蝕性俱佳。一般膜厚為 5 至 $30\mu m$，可指定膜厚。需修整成鏡面時，電鍍後可再拋光研磨（參見第5章）。

（5）氟素樹脂含浸無電解鍍鎳

氟素樹脂最為大家熟知的就是鐵氟龍®，高硬度、防潑水、防滑性、耐剝離性俱佳。一般膜厚為 10 至 $15\mu m$。

鋁材的電鍍種類

電鍍鋁材需留意膜厚。電鍍鋼鐵材料時的膜厚，工件增加的尺寸即是指定膜厚；而電鍍鋁材時，因其中一半膜厚會侵蝕進鋁材，故實際只有增加一半膜厚。舉例來說，指定膜厚要 $10\mu m$ 時，工件最後的膜厚尺寸只有增加 $5\mu m$。

常見的鋁材電鍍種類如下：

（1）陽極處理

藉化學反應形成氧化膜，目的是提升耐蝕性，一般膜厚在 5 至 15 μm

（2）硬質陽極處理

硬度及耐磨耗性俱佳，一般膜厚為 20 至 50 μm，外膜是不通電的絕緣體。

（3）氟素樹脂塗層

最常見的是 Tufram®，硬度高且防水，防滑性及耐剝離性俱佳。一般膜厚為 30 至 50 μm。

高精度電鍍法

以上介紹的電鍍都是在液體中處理，另外尚有一種蒸鍍法，可在乾燥的狀態下，形成極薄的薄膜。加熱金屬，使之蒸發附著於金屬表面，形成薄膜。膜厚主要在數 μm 以下的水準，適合精密地附著於昂貴的材料時使用。有物理蒸鍍法的PVD，和化學蒸鍍法CVD兩種。

PVD屬真空蒸鍍，是在真空中加熱材料，使之蒸發，工件不限於金屬，塑膠也適用。此外，真空蒸鍍的另一種濺鍍，其工法是將氬氣劇烈衝撞金或銅做成的板材，使金或銅的粒子，從板材裡彈出來附著到工件上。廣泛應用於半導體、電子零件和液晶的薄膜製作。

裁切材料的切斷加工

加工從裁切材料開始

從這裡開始介紹歸類為「其他加工」的切斷加工與去毛邊。切斷加工是將購入的標準長材料，配合外型尺寸切斷的作業，稱做「裁切材料」，是進行加工時最初的作業程序。但裁切後的切斷面相對粗糙，考慮到切削費用，裁切的尺寸比所需的外型尺寸稍大一點即可。之後進行正式加工時，如車床加工或銑床加工時再切削，修整出美觀的表面。

金屬剪刀、弓鋸、線鋸

三者都是手工作業使用的工具。「金屬剪刀」用於切斷薄板；「弓鋸」可切出筆直的直線（圖8.5的a），下壓時進行切割，可帶動身體的力量切斷；而「線鋸」的刀刃薄且細，適合於切成曲線時使用，裁切費用少，也可用來裁切昂貴的貴金屬。

立式帶鋸機

「立式帶鋸機」是將鋸條纏繞在導輪上，使之旋轉，做連續切斷。加工現場稱做「帶鋸床」或簡稱「鋸床」（同b圖）。將工件壓往由上而下旋轉的鋸條來進行切斷作業。

工件大部分為四方形，若是圓棒時，一定要用虎鉗（萬力）固定，因鋸片接觸圓棒時會沿著旋轉方向施力，故不可徒手壓住。

雖然厚度至20至30cm左右也可切斷，但愈厚，切削抵抗力愈大，容易造成鋸條斷裂，斷裂的鋸條可用帶鋸機本身的熔接裝置接合。

弓鋸床與金屬鋸片機

　　工件可固定於床台，裝有自動往復的鋸條，進行切斷的是「弓鋸床」（同c圖）。有的還可自動將工件以固定尺寸移動。

　　「金屬鋸片機」是用圓盤鋸片做切斷的構造（同d圖），分有攜帶型和固定型。鋸刃的形狀、直徑和厚度，有多樣化的規格。

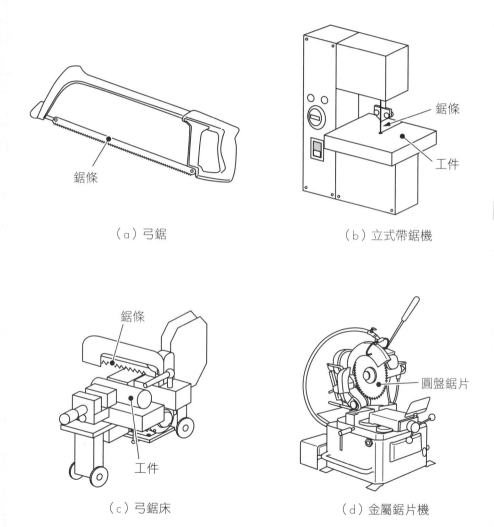

（a）弓鋸　　　　　　　　　　　（b）立式帶鋸機

（c）弓鋸床　　　　　　　　　　（d）金屬鋸片機

圖8.5　裁切的工具和工具機

改變材料特性的加工和材料裁切

剪切機

　　和剪刀的原理相同，可將工件夾於上下刃之間做切斷的工具機，稱為「剪切機」。加工現場又稱「剪斷機」或「剪板機」，使用於板金的切斷作業。

　　將工件置於床台上，開關切至ON時，上刃會下降切斷，被切斷的工件會被收往工具機後方的射出盤中。可切斷的厚度，依工具機的規格而有所不同，鋼鐵材料約可切至6mm左右。此外，切斷的寬度若較窄，容易發生彎曲或扭曲。

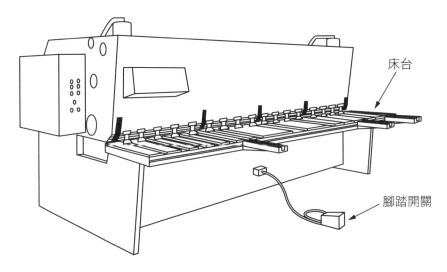

床台

腳踏開關

圖8.6　剪切機

其他切斷方法

　　其他裁切板金的方法，有第7章介紹的氣割（圖7.4）或雷射切割（圖7.13）。氣割是將可燃氣體的火焰和高壓的氧氣，吹向金屬，使其燃燒，再把氧化鐵和氧氣一起吹掉，即可切斷工件。

所有加工都需要去毛邊

所謂毛邊

「毛邊」是附著在兩面相交之處的加工殘留物，因加工法的不同，產生的毛邊情況各異。沒有毛邊是最為理想的狀態，但要抑制毛邊的產生非常困難，所以便需藉「去毛邊」作業去除。

接下來，介紹各加工法產生毛邊的情況。

切削加工的毛邊

將工件施加外力，會先引起彈性變形（可恢復原狀），再來是塑性變形（無法恢復原狀），最後便破裂。切削刀具的刀刃邊緣，會依序發生這些變形。加工面發生塑性變形，最尾端凸起的部分，便是毛邊。

為使加工毛邊最小化，可藉使用銳利刀具、減少進給量和切削量、加工的工件邊緣墊上防毛邊壓版等方法，來抑制毛邊產生。

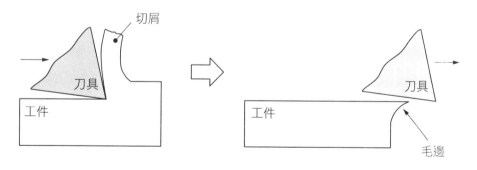

圖8.7　切削加工的毛邊

沖床加工的毛邊

凸模沖入工件時，工件的入口處會產生凹陷，而出口處會產生毛邊（參見第6章圖6.3）。如同剪刀般的沖剪加工，也會引起相同現象。

其毛邊發生的最大主因，是凸凹模間的沖剪間隙。沖剪間隙不管過大或過小，毛邊都會變大，需有適當的設定。

鑄造、射出成型、鍛造的毛邊

將分開的模具對合時，流入空隙間的材料就形成毛邊，發生原因是對合歪斜或模具磨耗。此毛邊稱為分模線，通常此線會設計於不影響到產品功能的位置。另外，鍛造時從模具凸出來的多餘部分，即為毛邊。

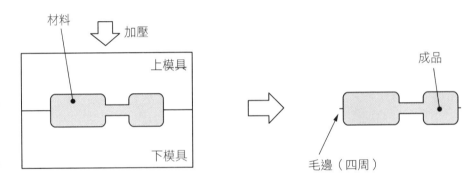

圖8.8　鍛造的毛邊

毛邊帶來的問題

加工所產生的毛邊，會引起各式各樣的問題，分別條列如下：

（1）容易受傷

毛邊銳利，若誤觸，有割傷手的風險。

（2）尺寸精度差

即使正確地加工，毛邊會造成該處的尺寸異常。

（3）組裝精度差

組裝成品時有毛邊，或是毛邊剝落夾在成品間，都會造成組裝精度變差。

（4）故障或磨耗

脫落的毛邊若是混入滑動部，會引起扭曲、故障或磨耗。

毛邊的去除

要完美地僅去除毛邊，現實上是不可能的。實際上會如下圖，切削時會超出毛邊的尺寸。去毛邊幾乎都是手工作業，毛邊去除後的形狀，並非全是C角或R角，而是兩者混合後的形狀。而實務上，通常會標示倒C角，倒角尺寸為C0.1至0.3mm左右，摸到不會痛的程度就可以。

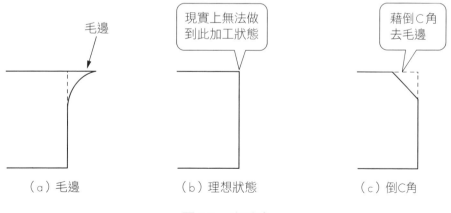

（a）毛邊　　　　　（b）理想狀態　　　　　（c）倒C角

圖8.9　去毛邊

去毛邊使用的工具及加工法

（1）手工作業的工具

　　市面上販售多種的刮刀或毛邊刷，都可拿來做為去毛邊的專門工具（圖8.10的a及b）。不僅可去除外圍的毛邊，也可去除孔內的毛邊。此外，修整用的銼刀、磨石、油石等，也可用來去毛邊（同c圖）。

（2）旋轉工具

　　使用壓縮空氣驅動的氣動研磨機，可做為提升作業效率的旋轉工具（同d圖）。筆型的前端磨石或小刷頭可高速旋轉做加工。此外，鑄造或射出成型、鍛造產生的大毛邊，可使用桌上型磨床去除。

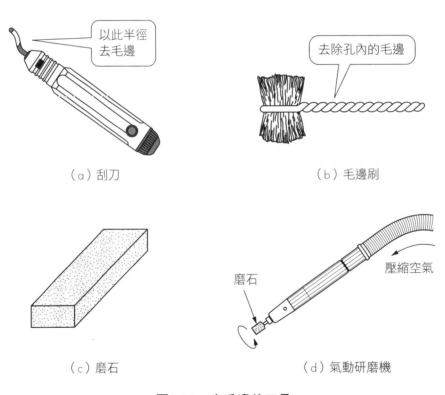

（a）刮刀　　　　　　　　　　（b）毛邊刷

（c）磨石　　　　　　　　　（d）氣動研磨機

圖8.10　去毛邊的工具

（3）滾筒拋光

第5章所介紹的滾筒拋光也可用於去毛邊（圖5.10的a）。將磨粒和工件一起投入研磨槽，再旋轉研磨槽，便可去除毛邊。是一次可處理大量工件的高效率方法。

活用毛邊的事例

另一方面，實務上也有活用毛邊的例子。例如，毛邊的大小變化和刀具的磨損程度有關，毛邊形成一定大小時，就可判斷需要更換刀具。沖床加工時，產生毛邊的地方與先前的不一致時，可得知凹凸模的嵌合位置有偏移。此外，磨菜刀時，邊磨邊以指腹輕觸刀刃，若有毛邊出現便可得知磨好了。像這樣，都是將毛邊當成一個判斷基準的活用事例。

圖面解讀（輕倒角的意思）

舊制圖面上會有「輕倒角」的標示，表示倒角要倒成毛邊不會割到手的程度。而此輕倒角，以現行的JIS規格的C倒角表示，大約等同於「C0.1至C0.3」。

圖面解讀（不可標示「不要毛邊」）

圖面上有時會有「不要毛邊」的註解，但這樣的標註並不好，因為實際上不可能完全做到無毛邊。

實際上要去毛邊就需要倒C角，所以只能標示倒C角的尺寸。或者，若不要倒C角，就標示允許的毛邊尺寸。以上可兩者擇一。

不可思議的密著現象

　　所謂密著指的是，將修整平滑的面與面貼合，會緊密黏著並難以分離的現象。使用下一章將介紹的塊規，便可感受到。將兩個表面擦得光滑的塊規，呈十字狀交叉疊放後，再將其中一個塊規旋轉90度，會有叩一聲黏住的感覺，有著用手用力拔也分不開的密著力。初次發現的感動，到現在印象仍很深刻。

　　造就密著的平滑面，需平面度和鏡面水準般的表面粗糙度，兩者缺一不可。但無論再平整，只要表面粗糙，或是表面閃閃發亮、但不平整，都無法密著。

　　更不可思議的是，密著產生的原理和接著一樣，至今仍不明。有說是鋼鐵材料或陶瓷的材質，或因為去除油分，又或者是真空狀態下的緣故，充斥著各種論點。若有機會，各位讀者可拿塊規試看看。

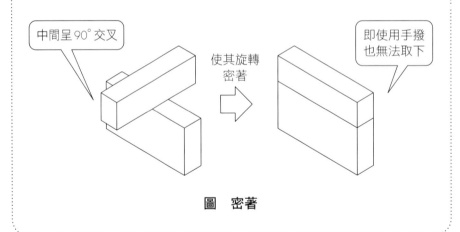

中間呈90°交叉

使其旋轉密著

即使用手撥也無法取下

圖　密著

第**9**章

確保品質的量具

測量的意義

確保製造品質

　　加工是以圖面為基礎施工，而要判斷是否依圖施工，就要靠測量。由於圖面上會有「目標值」，與表示容許誤差範圍的「公差」，量測值在最小容許尺寸（下限值）和最大容許尺寸（上限值）之間都屬合格範圍。

真值與測量值

　　量測值一定會有誤差，故無法得知真值為何。誤差原因在於，量具本身的誤差或溫度變化的影響、刻度讀取誤差、測量處有異物附著等各式各樣理由。為使誤差降至最低，可以舉辦量具使用方法的教育訓練，或是調整量測環境。

　　關於量具本身的誤差，可用誤差近趨於零的量具為基準修正，稱為「校正」。藉由定期校正，可提高量測的可靠度。

在20℃可確保量測精度

　　材料具有溫度上升就膨脹的特性，膨脹的程度依材料而有所不同。塑膠或鋁的膨脹量大，而陶瓷屬膨脹量少的材料。

　　溫度上升多少會導致伸長幾mm，可用「伸長量 ＝ 線膨脹係數 × 原始長 × 上升溫度」這個算式簡單計算出來。線膨脹係數是表示各材料膨脹程度的係數，例如鋁材的線膨脹係數是$23.5 \times 10^{-6}/℃$，長度200mm的鋁材溫度上升10℃的伸長量，即為「伸長量 ＝ $23.5 \times 10^{-6}/℃ \times 200mm \times 10℃$ ＝ 0.047mm」。由此可知，溫度的影響相當大，尤其是在冬季，暖氣要充滿整個房間前，室溫要保持20℃左右不變，很不容易，需特別留意。

而圖面上標示的尺寸精度，是確保到幾℃呢？JIS規格是定在20℃，這也是為什麼高精度加工或檢查，要在20℃的恆溫室進行。以下列出其他材料的線膨脹係數供大家參考：

● 鋼鐵　　（SS400）　　$11.8 \times 10^{-6}/℃$
● 銅　　　（黃銅）　　　$18.3 \times 10^{-6}/℃$
● 聚乙烯　　　　　　　　$180 \times 10^{-6}/℃$

測量尺寸的量具種類

　　測量尺寸相關的量具，綜整如下表：

分類	量具種類		最小刻度值（舉例）
長度	直接測量	直尺、曲尺	0.5mm
		游標卡尺	0.01mm（數位） 0.05 mm（類比）
		分厘卡	0.001mm（數位） 0.01 mm（類比）
		高度規	0.01mm（數位） 0.05 mm（類比）
		三次元量測儀	0.0001mm等
	間接測量	量錶	0.001 至 0.01mm
		塞規	0.03mm
		極限塞規	─
		塊規	─
		複寫紙	─

圖9.1　測量尺寸的量具種類

直接測量的量具

直接測量與間接測量的差異

直接測量，是指可直接從量具刻度讀取尺寸；而間接測量，是指把測量到的變位量與其他基準比較後，再讀取其數值，無法單獨掌握尺寸。兩者加工現場都有採用。

以下，先介紹直接測量的量具。

直尺和曲尺

直尺是又稱「尺規」的尺。一般可測量的長度為150mm至1m。150mm的尺規易於使用，是加工現場的必需品，常可看到加工者人人都將其插在胸前，或壁膀上的口袋。每0.5mm為一個刻度。曲尺是90° 呈L型的尺，用來測量尺寸或劃線。

（a）直尺（150mm）

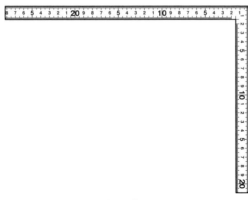

（b）曲尺

圖9.2 直尺與曲尺

游標卡尺

　　游標卡尺可夾取工件，可比直尺更準確地測量。只要1支游標卡尺，就可測量外側、內側、深度。標準型的測量範圍在0至200mm之間，長尺型的為1m，市面上也有販售。類比式的游標卡尺最小刻度值為0.05mm，數位式的為0.01mm。

　　類比式的刻度相當特別，要使用主尺和副尺讀取，雖然好像有點困難，但只要使用一次就可學會。

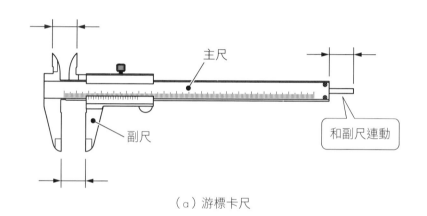

主尺

副尺

和副尺連動

（a）游標卡尺

（b）外徑測量　　　　（c）內徑測量　　　　（d）深度測量

圖9.3 游標卡尺的測量方法

分厘卡

測量精度比游標卡尺更高。一般類比式的最小讀取刻度為0.01mm，數位式的為0.001mm。但單一分厘卡的測量範圍狹窄，以25mm為一區間，故測量範圍在0至100mm時，需先準備好0至25mm用、25至50mm用、50至75mm用、75至100mm用，共四種刻度。

內側尺寸和深度尺寸的測量，須使用專用分厘卡，前者稱為內側分厘卡，後者稱為深度千分尺或深度計。最常見的汽車輪胎溝槽深度的測量，就是使用千分尺。

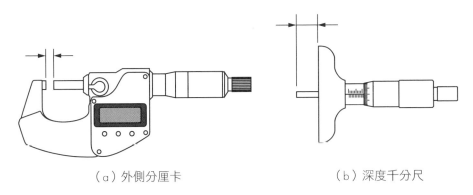

（a）外側分厘卡　　　　　　　　（b）深度千分尺

圖9.4 分厘卡

高度規

是測量高度的量具（圖9.5），測量物和高度規都是裝在平台上使用。和劃線針有相同功能的劃線器，由上往下滑動，和測量物接觸時可得知數值。類比式的最小刻度值為0.02mm或0.05mm，數位式的為0.01mm。最大可測量高度有多種規格，最常使用的是300mm型。

此高度規有趣的地方在於，測量之外還能劃線，將劃線器的高度調整到要劃線的高度，並固定，再將平台往工件貼近以劃線器劃線。高度計本身有些重量，不易傾倒，可平穩劃線，劃線器前端是超硬合金。

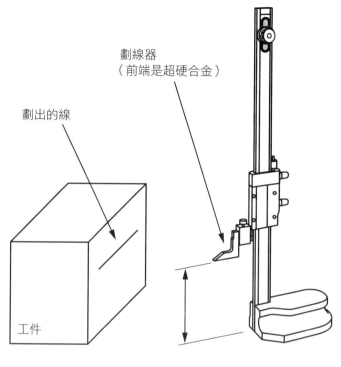

劃線器
（前端是超硬合金）

劃出的線

工件

圖9.5 高度規

三次元量測儀

可自動將測量物做三次元（前後、左右、上下）測量，亦即立體測量，稱做三次元量測儀。此儀器不僅可測量尺寸，還可做所謂幾何公差的平面度、平行度或直角度的檢查。

有關測量方式，有將又稱探測器的測頭接觸測量物的方式，也有照射雷射光的非接觸式方式。此外，測量範圍及量測精度，依製造商或機種的不同，有許多規格。

間接測量的量具

量錶

　　量錶不僅可測量尺寸，還可測量變位量。舉例來說，用於工具機的歸零或設備調整，想要再調0.005mm時就很方便。將測頭接觸測量物，一邊確認指針的擺動，一邊緩緩位移，便可校正。雖有電子式的，但還是以輕便的類比式量錶為主流。刻度有0.001mm、0.002mm、0.005mm、0.01mm等各種規格，但愈精密，測量範圍愈窄，例如，一般0.01mm規格的測量範圍為10mm，0.001mm規格的範圍為1mm。

　　此外，也常使用測頭可旋轉移動的「槓桿式」量錶。通常被稱為指示量錶，或萬能式測試量錶。此類量錶通常會固定於磁性台座使用。

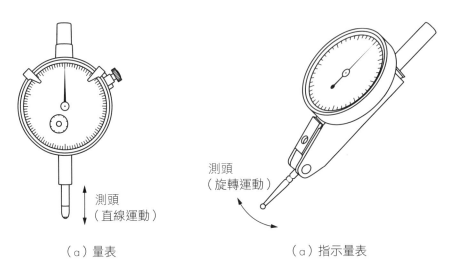

測頭
（直線運動）

（a）量表

測頭
（旋轉運動）

（a）指示量表

圖9.6 量錶

厚薄規

測量極小空隙的量具，可搭配不同厚度的薄板使用（圖9.7的a）。又稱厚度規，有多種規格，例如9片組裝的規格，包含0.03、0.04、0.05、0.06、0.07、0.08、0.10、0.15、0.20mm。其表面刻有厚度尺寸。

使用方式是搭配組合，插入要測量的空隙，直到沒有縫隙。但像0.03mm或0.04mm的厚薄規容易折彎，組合時要夾入較厚的厚度規間使用。

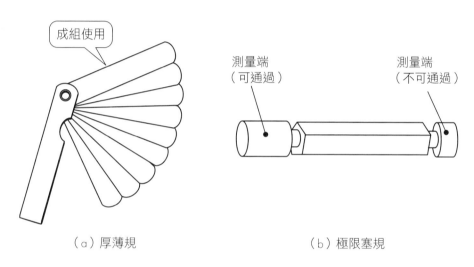

成組使用

測量端（可通過）　　測量端（不可通過）

（a）厚薄規　　　　　　　　（b）極限塞規

圖9.7 厚薄規和極限塞規

極限塞規

檢查孔徑公差是否符合所謂H7的精密配合孔尺寸的測量工具（圖9.7的b）。為了讓檢查有效率，不是直接測量孔徑大小，而是用塞規可否通過孔來判斷。

極限塞規的一邊是檢查孔徑是否過小的「通過側」，另一邊是「不通過側」。也就是說，孔能通過極限塞規的「通過側」，無法通過「不通過側」，就可判斷合格，用此方法測量的誤差少，同時任何人都可判別。

長度基準的塊規

塊規的精度等級最高，具有尺寸測量基準的地位。其斷面積為35mm（或30mm）×9mm，有多種長度（公稱尺寸）可選。材質有耐磨耗的合金工具鋼（模具鋼）、超硬合金或陶瓷。

長度（公稱尺寸）的尺寸精度，依JIS規格分為四個等級，由精度高的依序排列，以K級為基準，分別是各量具校正用的0級、1級，以及用來檢查測量零件或刀具組裝的1級、2級。長度（公稱尺寸）的兩端是以研光的方式精磨過，不管是平面度或平行度都是超高精度。

感應紙

「感應紙」並非量具，而是一種消耗品。用來確認面與面之間的密合度，相當便利。將感應紙夾入欲測量的面與面之間，並施力，僅受力處會顯示紅色。即使是密合時，都能找到極微小的空隙，可不斷微調整，直到感應紙整面都顯色。常用於確認或調整沖床或壓延滾輪的位置。

表面粗糙度和硬度量具

表面粗度儀

有攜帶型與固定型兩種，也有用探針探測的接觸式，以及使用雷射光的非接觸式的類型。

探針前端為圓錐狀，若過大，會無法檢測表面粗糙度，故前端半徑約為 2 至 5 μm，以鑽石或藍寶石做成。接觸式的儀器雖然可信度高，但另一方面，探針容易刮傷測量面，探針前端磨耗，也會有測量精度失真的風險。

硬度計

硬度量測常用於淬火、回火後的硬度確認。種類有「布氏硬度」、「維氏硬度」、「洛氏硬度」和「蕭氏硬度」四種。一般淬火、回火會採用「洛氏硬度」。

硬度計也有攜帶型與固定型兩種。攜帶型的四種標準都可檢測，桌上型的量測精度較高，依種類不同，會有不同的專用機。

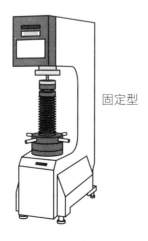

固定型

圖 9.8 洛氏硬度測量機

今後的努力方向

　　設計人員請務必勤跑現場，無論是公司內的工廠，或是參觀協力廠商的工廠，都可獲益良多。直接看到材料被切削、高速沖壓的情形，親耳聽到加工時的聲音，看著加工者進行加工，並傾聽加工者的經驗談，都能從中獲得許多資訊。建議可將這些資訊當成自己的秘笈，記錄下來。

　　學習基礎知識的訣竅，是「廣泛概略」去學。本書以此觀點介紹了各種加工法的特徵，以及考慮到加工法的圖面判讀方法。加工精度雖會隨著機台或加工者的技巧，而有所差異，若什麼資訊都沒有，勢必很難想像，故列舉數值將其當做參考標準來介紹。希望大家能以此為敲門磚，掌握公司或協力廠商的實際值，再取代本書，變成可活用的資訊。

　　此外，若想學習加工條件的具體數值、加工機的操作步驟，以及維修方法相關的知識時，可參考「針對加工者」所寫的書籍。推薦可看《日刊工業新聞社》的《圖解基礎中的基礎》(絵とき基礎のきそ)系列。該系列將車床、銑床、沖床等加工法，分門別類地出版，一本書介紹一個加工法。同時，裡面登載了工具機或刀具製造商的網頁及目錄、加工條件的數值等有用的資訊，都可當做其他資訊參考的來源。

　　對加工工作有興趣的朋友，也可看小関智弘先生的書，他直到69歲，都還一邊從事車床工作，一邊寫散文或小說。我手邊就有他的《小工廠巡禮之旅》(町工場巡礼の旅)和《小工廠的磁界》(町工場の磁界)(以上為現代書館出版)，是從車床人員的觀點看小工廠的報告文學，讀來十分有趣，讓人幾乎忘了時間。從以往還掛著皮帶輪的車床，到近代的NC工具機，橫跨50年實際體驗到加工機演變的故事，讓人印象深刻，也感受到製造現場的魅力。雖非學術書，但可更了解加工現場，值得一讀。

而不分職務別，最好要知道的專業技術知識有「①識圖知識」、「②材料知識」、「③加工知識」。學完加工知識後，接著挑戰圖面和材料的基礎知識。

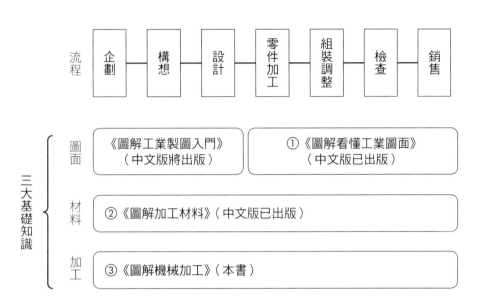

圖　製造的三大基礎知識

後記

　　以前在加工現場時，有人遞了一個板金加工製成的便當盒給我，並說：「請試試盒蓋。」不知為何，我至今仍未忘記蓋上盒蓋時的驚喜。稍微蓋上盒蓋，手一離開，嘩啦一聲，盒蓋已靠它本身的重量滑下蓋緊了。平常要是其他的便當盒，都需要再出力蓋緊，而這個的盒蓋和盒體之間，是如此服貼，關在裡面的空氣，又可以緩緩從裡面鑽出來。若整體是圓形的組合，也算精巧了，但這個便當盒是四角形狀，真的讓我對它的加工精度印象深刻。

　　彎曲板金時，因回彈的關係，多少都會有點回彈變形。若是沒有加工經驗，連要將1片板金正確凹成90°，都相當不容易。而日本的製造加工現場，卻將這種令人感動的「驚人」加工，視為「理所當然」。

　　加工知識博大精深，即便是基礎知識，要學好也不簡單，若本書能多少幫上忙，或成為瞭解加工現場精深處的引介，我會感到相當高興。

　　最後，感謝日本效率協會管理中心的渡邊敏郎先生，在編輯上的大力幫忙，謹在此致上深深謝意。

2016年9月

西村仁

索引

國家圖書館出版品預行編目資料

圖解機械加工 / 西村仁著；宮玉容譯 . -- 初版 . -- 臺北市：易博士
文化，城邦文化出版：家庭傳媒城邦分公司發行，2018.05
　　　面；　　公分 . -- （最簡單的生產製造書；3）譯自：機械加工の知
識がやさしくわかる本
　　ISBN 978-986-480-047-6(平裝)

1. 機械工作法

446.89　　　　　　　　　　　　　　　　　　　　　107005873

DA3003
圖解機械加工

原 著 書 名／機械加工の知識がやさしくわかる本
原 出 版 社／日本能率協会マネジメントセンター
作　　　者／西村仁
譯　　　者／宮玉容
選　書　人／蕭麗媛
責 任 編 輯／黃婉玉

業 務 經 理／羅越華
總　編　輯／蕭麗媛
視 覺 總 監／陳栩椿
發　行　人／何飛鵬
出　　　版／易博士文化
　　　　　　城邦文化事業股份有限公司
　　　　　　台北市中山區民生東路二段141號8樓
　　　　　　電話：（02）2500-7008　傳真：（02）2502-7676　E-mail：ct_easybooks@hmg.com.tw
發　　　行／英屬蓋曼群島商家庭傳媒股份有限公司城邦分公司
　　　　　　台北市中山區民生東路二段141號2樓
　　　　　　書虫客服服務專線：（02）2500-7718、2500-7719
　　　　　　服務時間：周一至周五上午09:00-12:00；下午13:30-17:00
　　　　　　24小時傳真服務：（02）2500-1990、2500-1991
　　　　　　讀者服務信箱：service@readingclub.com.tw
　　　　　　劃撥帳號：19863813
　　　　　　戶名：書虫股份有限公司
香港發行所／城邦（香港）出版集團有限公司
　　　　　　香港灣仔駱克道193號東超商業中心1樓
　　　　　　電話：（852）2508-6231　傳真：（852）2578-9337　E-mail：hkcite@biznetvigator.com
馬新發行所／城邦（馬新）出版集團 [Cite (M) Sdn. Bhd.]
　　　　　　41, Jalan Radin Anum, Bandar Baru Sri Petaling, 57000 Kuala Lumpur, Malaysia
　　　　　　電話：（603）9057-8822　傳真：（603）9057-6622　E-mail：cite@cite.com.my

美 術 編 輯／簡至成
封 面 構 成／簡至成
製 版 印 刷／卡樂彩色製版印刷有限公司

Original Japanese title: KIKAI KAKOU NO CHISHIKI GA YASASHIKU WAKARU HON
Copyright © Hitoshi Nishimura 2016
Original Japanese edition published by JMA Management Center Inc.
Traditional Chinese translation rights arranged with JMA Management Center Inc.
through The English Agency (Japan) Ltd. and AMANN CO., LTD, Taipei.

2018年05月15日初版1刷
2021年10月22日初版4.2刷
978-986-480-047-6

定價1000元　　HK$333

城邦讀書花園
www.cite.com.tw